How Great Fournders, Entrepreneurs and Business Leaders Thrive in an Unpredictable World

隨機思維

不死守目標、拉高容錯率，
打破企業經營追求完美的傳統慣性

MASTERING UNCERTAINTY

馬特．沃特金森 Matt Watkinson、薩巴．孔科利 Csaba Konkoly——著
陳依萍、林敬蓉——譯

沃特金森——致馬洛
康科利——致莎拉、莉莉、亞倫和茱迪

目錄

前言 009

PART 1 運氣成分

第一章
機運——不可預測的世界大揭密 027
商業世界特別容易起伏動盪，因為我們的成功牽扯到很多孤立且無法預測的因素，包括社會趨勢、經濟周期、技術創新、政府法令，競爭行為和人類行為等。由於商業世界本質上是不可預測的，那麼，為什麼我們要為不可避免的失敗而對自己和他人進行懲罰呢？

第二章
站在泰勒的陰影下——對於不確定性的系統盲點
科學管理之父泰勒堅信管理是一門科學，並建立泰勒化的生產線模式。實際上，泰勒的實驗大多是失敗或虛構的，但我們仍為科學管理著迷。大多數關於企業成功的因素歸類都是毫無價值的，因為它們僅是基於對我們已知成功的案例所進行的研究。
053

PART 2 為自己開創運氣

第三章
心態決勝——正面迎戰不確定性
我們必須獲勝或從失敗中學到教訓，必須堅持不懈，但也必須懂得在正確的道路上努力，而非在錯誤路線上頑固。積極評估訊息的準確性並尋求多種觀點，不過分析是無法取代行動的，我們必須「試一試」，越早取得越多實際數據，遠比空想分析還有用。
091

第四章
社會資本——在不可預測世界獲取機會的基礎
其含義很容易理解：你認識的人越多，與你的互動越多，會發生的積極事件就會越多。在一個變幻莫測的世界中，社會資本是機會的真正基礎，金融資本也會隨之而來。幸運的是，只要稍加努力，社會資本就可以迅速累積。
135

第五章
銷售——將機會導向成果
銷售牽涉到滿足顧客理想與現實之間的落差，了解顧客真正的需求、協助解決問題，並且不害怕對顧客提出挑戰，以激發他們產生新的想法與觀念。
167

PART 3

成立、發展及管理能成功應戰不確定性的組織

第八章 給領導者的忠告——在變化莫測的世界中運籌帷幄 287
我們需要創建能夠在不確定性上蓬勃發展的組織。為此，本章探討了在不可預測的世界中注定獲勝的人與失敗者之間，在企業文化、領導風格、招募和營運上的關鍵差異。

後記 327

致謝 331

註解 333

前言

童年回憶說來很奇妙。我還記得小時候在學校的戲劇演出當中扮演竹籬笆，站在舞台後方，偶爾要搖晃身上紙做的樹葉來製造戲劇效果；但是，我卻不記得差不多同一時期我滾下樓梯、把手弄骨折的事情。我書桌上有張斑駁的照片記錄著另一個童年場景：我和哥哥身穿太空衣，雨靴包在錫箔紙中，兩個人憨憨地笑著。我也不記得這件事，但願能記得，看起來我們兩人玩得渾然忘我、極其享受。

我對青少年時期的記憶也很零碎，但我記得一次跟父親的對話，彷彿是昨天才發生的事。我爸受訓成為工程師，在某間為錄音室製造擴音機的公司擔任技術總監。他展示某台原型機給我看時，我問他這是怎麼設計的，他的回應讓我久難忘懷：「從耳朵的原理下手。」

他解釋道，在設計和工程方面，精熟首要原則很關鍵。通往創新的途徑，是運用這些關鍵原則，而不是去仿製已經存在的產品。知道世界有著背後邏輯令人感到踏實之餘，也使人振奮。能運用這些無形規則，讓我感到一切都有可能，於是我一路秉持這種世界觀到成年時期。

我開始了設計網站和軟體的事業。接著，隨著管道逐漸增加，包含應用程式、資訊服務站（kiosk）和社交媒體，外加展示廳及聯絡中心，我幫助客戶把這種種管道相互連接起來，以打造完整的顧客體驗。我仔細鑽研自己的專業領域，但總覺得現存文獻缺了點東西——能夠輕鬆掌握並運用，以增加成功機會的一套首要原則。

我開始親自去填補這個空缺，因此催生出我的第一本著作《卓越顧客體驗背後的十道原則》（*The Ten Principles Behind Great CustomerExperiences*），獲頒了英國特許管理學會（Chartered ManagementInstitute，CMI）年度管理學書作獎。有的公司一口氣下單一千本，我也收到世界各地的讀者回饋，表示他們運用這些簡單的原則而大獲成功。然而，我沒預備好這對職涯造成的影響。與其委託我從事花了十年磨練的技術，也就是設計產品或是服務體驗，客戶反而開始把我當作顧問，請我給予策略方面的建議。

我踏入這個新階段時，注意到眾人往往跳過偵測問題的步驟，直接想開始解決問題，讓我大感驚訝。舉例來說，有間公司即使已砸重金在下廣告，產品的銷量仍不佳。他們預設問題在於網站登錄頁的設計，卻沒有停下來問問自己更加基本的問題：大眾真的想要這個產品嗎？定價是否合適？廣告有足夠效果嗎？大眾會不會把這個產品跟品牌聯想在一起？該產品與他牌相較如何？是否會遇到實行障礙讓顧客不考慮使用？我在第一場會議中提出這些可能性，得到的反應卻是人人爭相聳肩的怪異場景。

越多潛在客戶連絡我後，我越察覺到很多人不清楚問題的根本原因，或是要把關注焦點放在哪裡以達成成長願景；他們也沒想過決策會帶來哪些非立刻可見的影響——他們的視野無法超出自身的技能或是部門。看來很少人把企業想成是環環相扣的整體。

我開始在私人生活中關注到受他們忽視之物——系統思考——有多珍貴。我有多年的膝蓋疼痛問題，進行任何治療都沒有用。後來，我遇到一名治療師用了與過去看診的專科醫師全然不同的方式。

她在我們第一次診療時解釋骨骼肌動學是個整合的整體系統，以及身體疼痛時「哭喊的是受害人，不是罪犯」[1]。其他專家假定膝蓋痛的問題就在於膝蓋，而她採用系統方法來追蹤問題的根本肇因，也就是我的腰胯肌肉出現失衡問題，因此壓迫到膝關節。我依循她的復健療程，疼痛便消失了。十年來我第一次可以起身跑步，讓我自己也嘖嘖稱奇。

這些事件，包含專業方面和私人方面，引起我對原本的世界改觀。雖然我仍相信掌握特定領域「之內」的原則能帶來助益，但我也察覺商場表現更受到各領域「之間」交互作用的影響。

系統思考比起特定學科原則更能夠發揮效用，因為能幫助你辨識出最初該把重心放在哪個方面。譬如，假設你的品牌欠缺能見度，重金投資於顧客體驗的提升是行不通的，因為顧客不知道有你這品牌的話，根本不會去體驗。專門領域的技能要產生巨大效用，前提是該領域本身是影響績效的重要條件。

系統思考也能顯現出決策所致的深廣影響，繼而減少沒必要的風險。例如，如果壓低成本的連帶影響是品質下滑，導致產出劣質品，而劣質品很可能損害品牌名聲，使得顧客改用他牌。實際上，你壓低成本的同時導致營利降低，這是不理想的結果。這對多數人而言是可想而知的，或者說乍看之下顯而易見。問題是，具備常識不等同於實務狀況。提升企業某一部分，卻犧牲另一部分的情形相當常見，也是眾多企業遭逢厄運的背後起因。

舉個例子，胡佛牌（Hoover）吸塵器製造商曾經在英國推出優惠活動，提供每筆超過一百歐元的訂單能享有兩次運回美國的優待。就突破某個困境而言效果很成功：銷售量急速攀升；然而，從系統層面來看，情況慘烈。因為沒拿捏好成本，使得這個方案昂貴到負擔不起。胡佛牌想撤回方案，結果引發的醜聞導致名聲受損。他們思慮不周的行銷企劃造成財務和公關危機，公司有些高層人員因此而丟掉飯碗[2]。

我認為必須要有個辦法能幫助我們把企業想成是環環相扣的整體，並以此為工具或模型來幫助團隊找出影響績效的條件、更有效地跨越不同專業領域合作，並且將決策的潛在風險降到最低。再加上我從小就堅信世界背後有著邏輯存在，因此得出了使人振奮的假設：不僅企業是個系統，每個企業必定都屬於「同一類型的系統」。

無論是哪家企業，決定成敗的背後因子必定都是相同的。我推測，就算個別的設置有所差異，也改變不了這個事實。因此，如果能找出夠詳盡且可管控的各個因子，並一字排開列出，就能考量決策會對所有項目造成何種影響，而不只是其中的一、兩項而已。我們也能夠利用這個清單來找出左右績效的真正條件，並檢核新企劃或投資案的想法是否可行。

我的想法在潛在客戶面前引燃，早知道會燒到那種程度，就該就近找消防栓滅火。歷經五年籌備，寫了三十七萬字的篇幅，加上八十二次的修改，我終於獲得適合該需求的解決之道，並在我的第二本著作《網格策略：企業成功背後的總籌模型》（*The Grid: The Mater Model Behind Business Success*）當中呈現。

該書分為兩部分。第一部分解釋需要採用系統思考的方法，介紹這個模型以及如何在實務中應用；第二部分對於該模型所需的每個要件提供詳盡說明，從定價到規範以至於保護智慧財產權、樹立品牌和維持黏著度的策略。藉此，讀者能夠徹底了解企業如何以環環相扣的整體來運作，並謹記各個環節必須相互連結起來。這本書得到讀者和專家兩方面的盛讚，許多人表示這是他們所讀過的策略及決策相關著作當中最實用的一本，但我心中的欣喜很快就過去了。

在提供諮詢服務和培訓講習的過程中，某種行為模式浮現了。模型中各因素非常容易顯現卻常被忽略的情況，讓某些人無法自在使用網格策略。多數情形中，網格邏輯顯示某個想法成功率低，他們便摒棄這模型而不放棄原想法。創辦人不願意轉變原先的願景，既然企劃已經發起，就要做到完結。且為了符合組織的某些布署安排，就部分或全然棄用原本能增加成功率的意見。

於是我們察覺，與其說我們的諮詢服務能增加價值，不如說是用以「檢查」效果。多間公司使用我們的分析來「捍衛」假說，而不是加以檢測；且他們特意挑選資料或是刻意操縱資料以支持論點，而不是用以調整論點。我一直認定大家希望自己的企業或是企劃成功，結果卻發現不同的事實。大家想要成功，不過是要「用自己的方式來」，也就是自己的願景、自己的策略、自己的信念，且通常寧可失敗也不願意改變。

這些常見或甚至隨處可見的行為，使得在運用各種管理工具和技巧時會遇上困境，網格策略也在其中。因為它們要能發揮作用，前提是我從未質疑過的假設：人都努力嘗試做出理性客觀的決策。這麼做的話便會與天性交戰，而勢必落敗。現實中，人的感性大於理性，直覺行事多過勤做分析，且通常在意討人喜歡甚於論點正確，或是擔心立場問題甚於產值問題。人也喜歡先做再看著辦，並親自走一遭來學取教訓，而不是仰賴抽象的理論或建議。

心理學家喬納森．海特（Jonathan Haidt）所言甚是，他表示人的意識推斷運作得像個白宮發言人，而不是總統[3]。我們通常用其來合理化和解釋已經做出的決策，而非用於從一開始就做出更好的決策。

我在思考這些挑戰時，有了更大的領悟。網格策略當中有許多決定企業成功的要素並不受我們的控制，也可能產生無法預測的變化。例如，我們無法事先知道顧客會不會買我們推出的產品，創新性很容易太過頭或是不足夠；我們也無法確定顧客對於價格或是設計的改變會有什麼反應——或許反應不大也能接受，也可能會引發反彈。我們無法控制競爭對手或是法規單位可能會有的行為，又或是顧客是否會繼續留下來——他們的需求可能會改變、移居他處，又或是離開人世。

商場上，成功與否牽涉到太多因素，很少是我們能直接控制的。且各個因素之間相互交纏，使我們無法確知決策最後會帶來什麼影響。

即使你能設計出產品、辦公室或是組織架構，卻「無法設計出成功的企業」，我們越是想要管控更多因素，就會變得重視繁文縟節、辦事風格僵硬且應變力遲緩。同樣地，再厲害的策略也會因為無法預見的事件或執行困難而栽跟頭。像網格策略這樣的架構能幫助我們建構思考、形成假說、預期未來情景，並加強溝通效果，但不可確定性仍永遠無法消除。我從童年起抱持的世界觀，也就是世界的運作道理是可以獲知且首要原則能為一貫的成功鋪路，這想法碰到了難以突破的限制。

真是諷刺至極。在推崇原則和系統思考的過程中，我不經意發現它們的侷限。尋求加強對結果的掌控的同時，我也察覺到機運與機率在其中所扮演的關鍵角色。要提出能做出更客觀理性決策的方式之際，我也發現多數人並不會這麼做。我的世界觀有所遺漏。

俗話說，學生預備好時，良師自然會出現。在迎向這些挑戰之際，我在洛杉磯的一場宴會上遇見一名沉默寡言的匈牙利紳士——當然，這純粹就是機運。我們開始熟識對方，並培養出深厚的情誼。

接下來幾年間，我學到有關他的兩件事。第一點，他是個出類拔萃的成功投資人和創業家。在籠罩於共產主義的匈牙利出生長大，薩巴還不到二十歲就成立第一家企業，在柏林圍牆倒塌後進口義大利車。他在大學攻讀經濟時，便自學如何買賣股票、債券和貨幣，接著開始在全球經營避險資金，為傳奇投資人物喬治．索羅斯（George Soros）等人理財。自從那時候開始，他主要焦點就轉移到投資和創業。他對二十四項新創專案進行早期投資，其中好幾個搖身一變成了獨角獸企業——市值分別超過十億美元。

第二點，他對經營企業採取的手段徹底不同。一開始我根本摸不清是怎麼回事，但經過對談後就漸漸明朗：我們對於不確定性的態度不同。薩巴早我三十年就相準了世界本質上難以預測這點，而且他不只是掌握這個事實，還知道要怎樣為己所用。他作法中的關鍵、也是我世界觀所缺少的那塊拼圖，就是用「或然率」的方式來思考。對於薩巴而言，企業不是要想辦法解開的方程式，而是要懂得如何玩的機率遊戲。

舉例來說，他並不會對成功率微薄的專案退縮，只要潛在益處夠大——這是全世界眾多頂尖創業家所抱持的理念，但對很多經理人來說相當陌生。接受世界本質就是無法預測，他並不是用商學院所教的那套方式，來費勁做一堆分析以「發現」新的商業點子；他所做的是以最小的成本與心力，用務實、重複的過程來「創造」這些點子。

懂得欣賞世間的偶然性，他管控各種關係來提升巧合機運的機率，藉以創造出新的機會——我們合寫這本書就是其中一個例子。在盡可能增加報償的過程中，他平衡採用了對於成長的兩種不同手段：「利用」（exploitation）——大家所熟悉的那種結構性漸進作法；以及「探索」（exploration）——某種抓緊機運而能取得成長優勢的作法，這是多數人不知道而無從下手的。

我深入了解他的方法和心態，彷彿缺少的那塊拼圖歸了位。我發現用他那套或然率作法沒有推翻或是替代原本的系統思考模式，而是把重點轉向務實行動以解放其中完整的潛能。得知這點使我出奇不意而大感暢快。

我原先想單憑分析來獲得完美決策的獨斷作法，轉變為更為自由的嘗試與摸索。我不再因為狀況不如預期而灰心喪志，而是開始見機行事。對失敗的恐懼退卻，從而產生採取行動的新自信。隨著我越能夠遵循本能接觸和幫助其他人，意料外的機會就會伴隨著出現。

我發覺這方法不僅效果好，而且更合乎「自然」。人較容易在產生想法後去實際測試，卻鮮少能從有段距離的邏輯分析中以反向工程來找出解決之道。機會容易從我們與他人間的互動關係中產生，而不是來自於冰冷的刻意安排；我們也會在嘗試並改正錯誤的過程中學習，以加強技巧和培養能力。大家都是先從爬行開始，然後走路、奔跑，再跑得更快更遠。總不會是在修習生物力學後緊接著就去跑馬拉松。

說老實話，我當初原本無意再寫一本書。要管理成長中的企業已經夠忙了，而且我剛成為新手爸爸。不過，我很快便看出以著作的形式來談這個主題的價值所在。我和薩巴討論合作的可能性後，很快就開始了連鎖反應。想法萌生後幾週，我們便開始著手。巧遇、相互熟識和開放心態的探索，催生出了這個機會。因此，這本書從多種意義上體現了我們想要傳達的觀念。

書中分成三部分。第一部分提出核心主張：真實世界中的問題和機會無法經過可靠的預測或是從分析中發現而來，因為未來於本質上無法預測且不受人的控制（第一章），且傳統的管理作法往往未能承認現實中的這個基本特性（第二章）。

有些讀者可能在讀這兩章時會感到不自在。所幸，剩下的內容是在談實務技巧，讓你對世界真正運作道理的理解有更堅實的基礎，而可做出更佳的決策、創造更多機會，並提升成功的機率。

第二部分提供個人可以採用的方法和心態：第三章描述想成功迎戰充滿不確定性的世界必須要採用的心態，第四章探索與人交好能打下巧合機運的基礎

——這就是最常見的商機前提。接下來，第五章討論辨識出機會並好好投入行動的重要技巧——換句話說，學習如何銷售。

交代完這些技巧後，第三部分把觀念擴展到組織當中，探索如何在無法預測的世界中成立、發展及管理企業（第六章、第七章及第八章）。

不過，在進入正文前，我要簡短說明這本書是如何寫成的，還有要寫給哪些對象。

對於「行動派」（例如創業家或是大公司執行長）所寫的書，大家常有個抱怨是他們常常流於描述軼事。他們確實能激勵人心和講出精彩故事，但很難把他們的見解運用到讀者本身所處的情境之中。另一方面，「思想派」（學者或是特定領域的思想領袖）所寫的書，有時候則太注重理論而缺少實際運用，尤其是對組織影響力有限的人。這兩類作者常受到的批評是，他們的那一套只能適用於新創公司或小企業，或是更符合大公司的需求，而非兩者兼顧。所幸，薩巴和我體現出多樣的經歷，這也是我們在團隊中所提倡的精神，你之後便能看出這點。薩巴來自於新創、投資和風險管理的世界，他也是實際投入金錢的「當事人」。而我，雖然一直有自己的企業，但在多數職涯中擔任「代理人」，負責為公司提供建議和開發解決方案。我自己接觸到的風險較小，但更能見識大型企業的運作方式。

薩巴是個徹頭徹尾的務實人士，對他來說不能為自己所用的知識就等於沒用，而他在這本書所談的觀念，多數都來自於我們針對他的倫理和工作守則所做的結構式討論。我自己著重的方面不太一樣——我認為書寫和談論觀念與實際運用一樣令人心滿意足，所以本書由我來負責講述。

結合我們多樣化的經歷、習慣和意向，我們很高興能創造一本書嘉惠於各層級的企業決策者——從大型組織的領導者和經理人，到創業家、有志創辦組織的人等。

如果你想要提升心態、增強影響力、擴展人脈，並對專案成果或是公司表現有更多貢獻，因而為自己多創造機會，那麼你就讀對書了。

歡迎進入我們的世界，並感謝你的參與。

PART 1 運氣成分

第一章 機運——不可預測的世界大揭密

未來能預測嗎？答案可能不如你想像中的好回答。縱使我們無法得知二十年後某一天會發生什麼事情，或接下來即將有什麼轉變，但我們必定會根據自認為會發生的情況來做出決策，且結果通常有一定的可靠程度。如果人生中一切都是偶然發生的，我們就都不敢出門，而且就算待在家裡也會感到不安。

問題是，無論多數結果發生的可能性有多高，也都並非確定的。如同作家切斯特頓（G. K. Chesterton）所解釋道：「我們所處世界真正的麻煩點……在於近乎理性卻不完全如此。人生不是毫無邏輯可言，但愛用邏輯思考卻容易落入陷阱。世界看似夠符合數學和規律，實際上卻不盡然。精確的表現顯而易見，不精確的面向則是隱晦不明，難以掌控的混局潛伏其中[1]。」

因為這些暗藏的不精確面向，世界不可預測的程度其實超乎我們的預期。相對穩定的時期之間夾雜著明顯偶然出現的動盪，大流行傳染病、經濟衰退和新科技都是擅自登場。不可預期的性質延伸到人生幾乎每個層面，以二〇〇二年為例，競技滑雪賽中因為最後一圈選手在彎道上相互碰撞使數名領先者落敗，最終由澳大利亞的選手奪下冠軍金牌[2]。

以認知層面而言，多數人能理解這樣的不可預測性，但實際上大家卻低估了其普遍程度。因此，我們一開始會先揭露出世界上暗藏的混局，解釋複雜系統、人類決策及科技如何綜合起來製造出本質難以預測的環境。

複雜性的挑戰

系統是由環環相扣的要素所結合的一套體系，會產生其獨有的行為模式。我們能把系統分成兩種基本的類型：繁複系統及複雜系統。

繁複系統（complicated system）中，就算有數千個互相牽連的部分，但各部分都會依循規則，因此行為可預測和可理解。譬如，機械錶或是噴射機引擎就是繁複但運作起來可預測的裝置。

相對地，複雜系統（complex system）因為各要素彼此獨立，又或是可能依照各自的意識來運作，所以整體不等於每個部分的加總，使得行為變得不可預測。為什麼呢？

一八八七年，瑞典國王奧斯卡二世（Oscar II）提供獎金徵求解決難纏的三體問題（Three Body Problem），也就是有關於三個天體運行模式的物理挑戰，以地球、月球和太陽為例。法國數學家亨利・龐加萊（Henri Poincaré）便放膽一搏而失敗，結果該難題至今仍沒有人可以解出來。不過，龐加萊發表的論文令人嘆為觀止，因此仍獲頒獎金。他不斷地思考這個難題，某次對原論文的修訂版本為「混沌理論」（Chaos Theory）埋下了根基。

他解釋道，系統的要素之間相互牽連時，計算上的小誤差或變化會因為這些要素互動越多而被擴展得越大——超過半個世紀後，氣象學家愛德華・羅倫茲（Edward Lorenz）在執行氣候模式的電腦模擬時，同樣也觀測到這個現象。

羅倫茲發現微小的差異（例如，測量變量精確到小數點後四位，或是小數點後六位），會產生天差地遠的預測結果。這個觀察讓他在一九七二年的一場氣候講座上發表一篇短論文，題為：〈可預測性：巴西蝴蝶振翅是否會使德州掀起風暴？〉（Predictability: Does the flap of a butterfly's wings in Brazil set off a Tornado in Texas?）此現象因此得名為「蝴蝶效應」。

龐加萊或羅倫茲兩人理論的核心概念，解釋了在世界上、尤其在商業界中的大量不確定性：首先，我們得到的資訊都不完整；第二，輸入內容可能導致非線性的產出結果。

■不完整資訊的問題

資訊不完整或是不正確讓所有企業決策者面臨很大的挑戰，不僅僅是每個人取得的資訊片面（尤其在有關對手的意圖方面），且我們實際掌握的資料也會受到個人解讀方式、信念和偏見左右，又或是在取得的過程中受到了扭曲。

尤其，壞消息很少得到精準回報，在層層上傳的過程中又特別容易失真。就算我們蒐集資訊狀況良好，且解讀上也接近客觀，但我們必定會遇到客戶攪局。如同廣告傳奇人物大衛．奧格威（David Ogilvy，奧美創辦人）的名言：「市場調查的問題在於民眾不會想到自己真正的感受，也不會說出自己真正的想法，並且做出的行為也不同於自己嘴裡說出的話。」這段機智的言論也有科學根據。

事實上，根據演化生物學家羅伯特．泰弗士（Robert Trivers）所說，人類天生就有自我欺瞞的天賦，而且常常是在潛意識中發生。我們習慣高估自己的智能、實力和魅力，主動壓抑不好的記憶，甚至會回想出子虛烏有的事[3]。因為人慣性對自己說謊（看來是為了要加強對他人說謊的能力），因此不難想像我們對於自己所聽聞的內容也不會絕對信任。

有邏輯的解決之道必須要仰賴客觀的量測結果，但如果量測內容不直觀（直觀的例子像是一面牆的高度），勢必會形成挑戰和困境。並非一切事物都能夠量測出來，且量測結果本身可能不精確。你可能會誤信某些量測結果、做出錯誤解讀，又或是根本量測錯該量的項目。

金融史學家兼經濟學家彼得．伯恩斯坦（Peter Bernstein）描述相當貼切，他說：「你擁有的資訊不是你想要的資訊，你想要的資訊不是你需要的資訊，你需要的資訊你無法取得，而你可獲得的資訊超過你願意付出的成本[4]。」如此一來，我們不得不依據片面且可能誤導人的資訊來下決策，並接受結果無法確定的這個事實。

■非線性的挑戰

人腦直覺上否認小事件可能造成巨大的影響，但這點確實在世界上屢見不鮮。交通車流快速運行，接著無緣無故就突然被中斷；景氣上的小小波動對於信貸可用性造成顯著影響[5]；滿意度評比、再次購買率和定價能力也都是非線性的[6]。

隨處都可見到繁瑣小事造成深遠影響的例子，尤其是個人的生活當中，我人生中的一個小事件就印證了這一點。我十八歲時有天搭上火車去找朋友，隔壁座的人留下報紙沒有拿走，於是我就翻閱了起來。我剛從學校畢業，正要找賺錢機會，所以當我看見一個似乎滿有意思的工作時，就臨時起意決定去應徵。我獲得面試機會、拿下了職位，並且因此遇到了第一個啟蒙導師，他促使我開啟志業。

要是我搭了下一班列車、坐在不同車廂，甚至在同一車廂但選了不同座位，要是我自己帶書去看、或是把心思放在其他的事情上，那麼我就不會看到那一則廣告，也不會遇上我的啟蒙導師，那麼我的職涯發展可能全然不同。如果是那樣，我就絕對不會遇到我的企業夥伴，他也不會介紹我認識現在孩子的媽；我也不會遇到薩巴，所以你就讀不到這本書。

確實，回顧起自己人生時，每一個重大的發展都是源自於類似這種不重要的小事或巧合，我敢打包票地球上的其他人也是同樣處境。瑣事可能造成深遠影響，而我們總是要等到實際發生後才會知道一個事件的影響有多大——這也是系統現象的關鍵要素，稱為「自組織臨界性」（self-organized criticality）。

自組織臨界性的影響力

想要理解這個觀念，最簡單的方式就是想像一次用一粒米來堆出一個米堆。米堆會越來越陡，某一刻再多加一粒後就會崩塌。然而，我們無法確定哪一粒米會導致崩塌，也不知道崩塌規模大或小，因為大量米粒組成的米堆當下都可能處於最後會塌下來的臨界狀態。

因此就算「觸發的那粒米並沒有什麼特別的」，多加任何一粒米都可能會造成小型、中型或是大型的崩塌，也可能沒有崩塌。如果我們持續添加米粒，米堆就會繼續變大直到再一次偶然倒塌。如果記錄米堆的高度變化，畫出來的圖形會高低不平而混亂。除了規模遞增的時期，也會有規模不一的偶然崩塌情形。

這種行為不侷限於米堆而已，自然或是社會體系都常有這種特徵。地震、森林大火、電影票房、戰爭、科學和政治革命，以及景氣波動都顯現出同樣的特質，不僅無法事先看出事件的規模，且觸發的情境也看不出有何特別之處[7]。

納西姆・雷伯（Nassim Taleb）寫了一本開創著作《黑天鵝效應》（*The*

Black Swan），書名的口語用詞，指稱無法預測而衝擊力高的事件，此書強調這類型的事件會對生活帶來轉捩點。他寫道：「一小群黑天鵝幾乎能解釋世間所有事，從構想、宗教……到私人生活的各層面的成果皆然。[8]」他說明道，歷史不是用爬的，而是用跳的，並且受到不太可能會發生之事所形塑出來。我們一直要等到狀況實際發生，才能曉得或是評估其嚴重程度[9]。

總結來說，複雜的適應性系統所產生的行為極難預測，尤其因為社會系統（經濟、社會，乃至於形形色色的組織）的組成要素具備著一項鮮明的性質——自成一套道理。

人類要件

因為每個人的冀望和夢想、想法和感受、癖性和愛好、經歷和專業等等都各自不同，所以無法確定某個人會做出什麼事。再加上我們與他人的互動及人際關係，局勢又變得更加複雜。儘管我們能有獨立的想法和行動，但我們也受到他人的影響。群眾最容易引發從眾現象，我們自然而然會想要融入自己所選擇的社會團體，因此仿效他人的行為、所選擇的產品或是意見。不過，我們不僅僅是個別做出決策，或是盲目模仿他人，我們也會謀定策略，即預測其他人或組織可能會做的事。

因此，任何一個事件都可能會有多種可能的走向。舉厄爾法羅酒吧問題（El Farol Bar Problem，又名少數派問題）為例來討論，此名稱的由來是複雜性科學之精神殿堂聖塔菲研究所（Santa Fe Institute）附近一間真正存在的酒吧。某個星期四大家會想要上酒吧，除非人太多而掃興。因此，酒吧有可能因為大家以為會沒什麼人而高朋滿座，也可能因為大家以為會客滿而門可羅雀[10]。任何事件都可能激盪出始料未及的結果，包含正面和負面的。

還有，當然人會犯錯。

■人為錯誤所扮演的角色

人類自然而然就會出錯。我們可能會笨拙、健忘和分神。有可能計畫做對但在執行時出錯，也可能完美執行了錯誤的計畫。

事情出了嚴重錯誤時，像是墜機或是化學工廠爆炸，我們急於怪罪相關人員，但這只是其中一部分的面貌而已。實際上，錯誤通常是情境因素所導致的後果，譬如訓練不足、設計不良或維護上偷工減料。這種「潛在情況」（latent conditions）存在於所有系統當中，通常都隱蔽不見，直到遇上特殊的背景因素（contextual factors，又稱社會脈絡因素）而引發事故才顯露出來[11]。

根據查爾斯・培羅（Charles Perrow）的「常態事故理論」（Normal Accident Theory），這種事件是無可避免的。要談論的不是災難事件「會不會」發生，像是漏油（二〇一〇年，墨西哥灣深水地平線平台〔Deepwater Horizon〕）、核災（二〇一一年，福島）、化學倉庫爆炸（二〇二〇年，黎巴嫩貝魯特〔Beirut〕）或是建築物倒塌（二〇二一年，佛州瑟夫賽德公寓大樓），而是

「何時」發生。因為這些事件是複雜的巧合所致，通常都是無預警發生，使人措手不及。

有一部分的問題在於，就數量上而言，做錯事情的方式遠遠超過做對事情的方式。錯誤評估專家詹姆斯．瑞森（James Reason）如此說道：「義大利蔬菜湯這類產品的製作步驟，用幾句話就可以交代完，但要保證這項任務安全無虞的話，要用好幾本書的篇幅才能把程序講清楚……人不可能預期到各種危機和相關意外情境的所有搭配組合。」

為強調論點，瑞森又給另一個例子。想想看一支螺栓配上八顆螺母，要用特定的次序才能栓好。正確組裝的方式只有一種，但安裝錯誤的方式高達四〇三一九種[12]。由此可見，犯錯是人類生活的普遍情況，也是無法避免的不確定性的來源。如同培羅的常態事故理論清楚所示，考量到現代系統複雜性及從其而生的種種科技，這些錯誤發生的可能性更高。

科技的興起和衝擊

每一種科技都是依照一項「原理」，或是提供某種解決方案的背後點子[13]。為了說明簡便，我們以活塞引擎為例。其基本原理是使石化燃料爆炸，造成活塞上下移動來形成旋轉動作。

如果科技成功運作而能作為商用或軍用，設計和工程人員便會爭相把性能提升到極限，於是會添加子系統來強化性能或是克服可能有的任何侷限——例如，簡式活塞引擎能用於渦輪增壓器和燃料噴射裝置的創新發明。久而久之，這些子系統也達到極限，使得本身也需要有子系統，因此解決方案會隨著性能提升而變得更複雜。

最終，報酬遞減法則會起作用，意即每次加強的邊際效益會變得更小，且因成本過高而難以達成。這時候，情況很可能是會有全新的科技原理出現，並開啟一趟新的發展歷程。譬如，噴射機引擎並非複雜的活塞引擎，特斯拉的馬達也一樣，這些科技採用的是完全不同的原理。

理論上來看，我們能預見科技在短期間可能會有的演進變化——會因變得繁複而品質獲得改善，直到最後被更簡單的設計取代。我們也能夠察覺到什麼時候新科技會盛行，只要看看哪些既有的解決方案已經達到成熟期，以及可能會被什麼新科技取代。但實際上，這過程充滿了不確定性。

等到某項科技成熟，就會納入更大型的結構中。例如，地球上散落著鑽油平台和煉油廠，且有高效的供應鏈以製造和維護活塞引擎，因此容易購買和擁有。成熟科技的表現通常優於新興科技，至少在大家看重的某些層面上如此。

因此，無論前景有多看好，新科技吸引人的地方或許乍看之下不明顯；最重要的是，系統上有某種慣性存在。一般人直覺上會喜歡熟悉的事物甚於新事物，並且這種風氣又受到既得利益的鼓勵。這麼一來，新科技要起步相當困難，有時甚至無法做到。大眾會繼續「沿用」熟悉的舊科技來滿足需求，直到新科技的選項好到無庸置疑、廣泛實行的基礎建設問題獲得解決，又或是新法規偏向新作法為止。想要渡過這段流程，必須耗費可觀的資本，更不用其中的風險有多少了。

如果兩項新科技同時出現，較佳的技術卻不一定會勝出，因而又添加了新的變數。極細微或是偶然發生的事件，例如有篇文章推波助瀾，或是利益關係方之間巧遇，都可能讓原本較落後的產品勝出。研究複雜性的經濟學家布萊恩・亞瑟（W. Brian Arthur）筆下寫道：「佔據市場的解決方案，不見得是競爭產品中最優秀的那項，能過關斬將可能碰運氣的成分很高。」

美國海軍在尋求使潛水艇和航空母艦上的核反應爐冷卻的方法時，判定出用水冷卻是最佳方式。理由有二：第一，工程師對於高壓水的操作有豐富的經驗；第二，海軍擔心在潮濕環境中使用其他冷卻材質的風險，像是鈉遇水會爆炸。

美國原子能委員會接著遇到要在短時間內（政治考量）製造陸上核反應爐的需求，這時判定結果是依照航空母艦的核反應爐設計，比起從零開始製造會更來的迅速和容易。因此，市面上水冷卻式的核反應爐獲得無可匹敵的優勢，縱使專家認為就經濟和技術層面而言，這並不是最佳的解決方案[14]。

換句話說，科技的實行狀況不易預測。任何一刻都有數十種或甚至上百種可行的新興點子在流通，其中一項在天時地利之下「有機會」脫穎而出。事後我們可能會假定某一項科技的勝出是「大勢所趨」，但只要回顧過去針對科技趨勢預測的表現多麼差強人意，就能知道當時的局面多麼悖離發展結果。

現代專家曾認定個人電腦、軍機、電視和網際網路永遠不會盛行起來；政府智庫蘭德公司（The Rand Corporation）預測在二〇二〇年時，人的身旁會有訓練有素的猿類服侍[15]。就連發明家也可能誤判自己發明物的價值，全錄（Xerox）公司發明乙太網路、圖形使用者介面（GUI）和一種名為Interpress的科技來讓任何一台電腦向列表機下指令，但本身並不看好這些科技[16]；而3Com、Apple和Adobe將這些發明推向市場，結果表現得堪稱可圈可點。

世界在本質上不可預測

目前，各學門的想法都指向同一個結論：我們所處的環境本質上不可預測。商業界特別容易受到變動的影響，因為成功與否奠基於交雜在一起的因素，這些因素單獨來看已經難以預測，遑論加總起來。

社會趨勢、組織的新興行為和景氣，未料到的科技發明、政令、競爭，還有種種可能出現的人類行為，無論具有巧思或愚昧，無論會造福人或帶來禍害，都混和在一起創造出極難預測的環境。

認定一切背後都有某種暗藏的運作機制待人解開，或是重大顛覆性事件背後有特定的「意義」存在，這種觀點是人之常情，但證據表示實情並非如此。天然災害並沒有可預測的行為模式，使人類歷史大轉向的事件在發生前幾乎是不可能看出來的。泡沫化、崩盤、繁榮和蕭條是經濟系統固有的特徵，而不是可以導正的缺陷。無論人再怎麼努力，總是會有出奇不意的情況使得預測失效。

多數的專家預測都不正確，就算真的有說中也不全然準確。望向的未來越遙遠，能預見的事物就越稀少。考量到黑天鵝在生活所佔的重量級份量，可以合理推論出真正重要的事情完全預測不出來。

有句猶太諺語闡述這一切：「謀事在人，笑壞了神。」不確定性是人生無可避免的現實。因為多數事件不在人的掌控之中，我們只得如此作結：單憑行動無法決定發展結果。

■結果＝行動＋條件

我們經歷的結果不僅取決於行動，還要將行動之際的條件納入考量。譬如，想想看你要應徵一份工作，你可能會請專家指導你如何潤飾履歷、仔細查詢應徵公司的相關資料、盡可能深入了解該職位，並且思考可能會被問到的問題而勤奮準備。你可能也針對難預測的因素做應變計畫，像是可能因誤點耽誤到面試時間。

然而，決定你錄取與否的條件有很多、或甚至全部都是無法預測的。譬如，你並不知道該組織的政治版圖、其他應徵者是否傑出或跟招聘主任的交情如何；你永遠也不會真正曉得面試官個人看重什麼、招聘的錄取標準為何，又或是你和他合不合得來，他可能認為你條件太好或太差。這些因素都充滿不確定性而不在你的掌控範圍內。

有鑑於此，你的行動必須要涵蓋一個或然率的向度。或許你要多預備一些錢，讓自己有充足時間找到適合的職位，因為可能要多吻幾隻青蛙才會遇到王子。你可以主動結識能介紹潛在雇主給你的人，也可以同時應徵兩、三個適合自己的職位。

這個例子也講明了另一個重要課題：條件不定時（或多或少都是如此），「就算做了最聰明的決策，結果也可能不如預期」。機運說得算，無論是好是壞。

多數人都會害怕可能失敗的情境。撇開現實後果不談，我們會被種種痛苦的情緒纏身，像是懊悔、慚愧、羞恥、怕遭指責，乃至於自我厭惡。為什麼？因為我們把責任歸在自己身上。對於多數人來說，良好的行動和良好的結果是密不可分的，所以如果沒成功，那問題一定是出在自己這裡。決策做得好但結果不盡理想，大家便難以認同那「仍然是個好決策」。

不過，身處於複雜世界，結果由未知的條件決定，或許失敗就只是運氣問題。接受事件不在自己掌控下，就能重新看待不良結果，並大幅減少難受的心情（第三章會再多談談這主題）。

此外，我們也能不再無止境地擔憂自己有沒有遵循完美的策略、理論或是預定方案以謀求成功。就算真有這種東西，也無法保證有理想結果。我們必須要接受有各種的可能性，並據此下注。

■商場一切都是在玩機率遊戲

我們認識的人當中，有些人會成為親近好友、企業夥伴或客戶，也有些人則會淡出我們的生活；我們想到的點子有些會成真，有些則會失算。有些潛在客戶會掏出腰包，有些則不會；搭火車撿到的報紙，有些上頭寫了會從此改變往後人生的內容，有些則沒有。

因為有這些變數和可能的發展道路，想要加強成功機率有兩個作法。我們可以多認識一些人、多測試一些構想，或是多開發客源——以商業譬喻可說是擴大沙漏的開口。另一種作法則是增加轉換率，也就是增加從沙漏上頭進來而最終在底下產生正面成果的比例。

多數談論商業的論述都是後者。最佳化能增強掌控感，並提升流程效率——這兩項都很有利。不過，既然世界本質上充滿不確定性，太過於強調最佳化就不是什麼好事。

以下舉例說明。假設有兩間公司抱持完全不同的基本態度，一間採用「判定型」風格，經理人相信透過充足的分析技巧和仔細的規劃，就能夠將碰運氣的成分減到最小，而能保證成功。另一間公司採用「或然率型」風格，經理人接受不確定性是現實的一面，並玩機率遊戲來利用而非壓制運氣成分。

現在，假設有個專案的預估成功率是十%，而投資報酬率高達一百倍。判定型的經理人幾乎一定會否決，簡言之成功率實在太低了。相反地，對於或然率型的經理人而言，只要能有充足餘裕來探索點子，很可能會肯定地接下來。事實上，本書著作當下的世界首富傑夫．貝佐斯（Jeff Bezos），就用這個範例來說明他使用類似的或然率型企業理念[17]。

他寫了一封信給 Amazon 股東，強調以下訊息：「隨著公司成長，一切都需要規模成長，失敗的實驗也不例外。如果失敗的規模沒有成長，就沒辦法開創出大格局……我們會努力讓投資案有良好的展望，但不見得都能做出好成績……要告訴股東的好消息是，只要單一項投資案大獲成功，獲利就能彌補眾多失敗案件的成本而有盈餘[18]。」

因為在真實世界中，許多成果來自於巧合或是誤打誤撞，以及承擔風險投注於獲利模式並非線性的潛在機會，所以在決策過程中採用或然率型方法能帶來更多成果。

從這道理可看出些端倪，知道為什麼受正規商業培訓的經理人常常創業失敗，而看似資歷不足卻有街頭打滾經驗和「衝勁」的人卻能闖出一片天。前者常具備判定型的聰明腦筋，但面對不可預見的事件就會栽跟頭。他們把商場視為智力考驗，認為玩機率遊戲很要不得。相反地，比起長時間策劃，後者更重視登門拜訪、與人握手談事，還有實際嘗試。他們時常會經歷失敗，但也有時候能獲得豐厚報償。他們玩贏了分析派人士拒絕參與的機率遊戲。

我越常接觸薩巴這類的創業家、投資人和創辦兼所有人，就越注意到其中差異之大。傳統經理人會算盡心思來避免承擔風險，真正的贏家則運用才智來承擔估算過的風險。比起不計代價避免失敗，世界上最強大的投資人、創業家和領導者則把失敗視為更上層樓的必經之路。他們看出不確定性的本質即機會的最大來源。

■ 不確定性是機會的最大來源

想像看看，你是世界上唯一一個能預測未來的人，這是福是禍？在賺錢方面你可能認為這是好福氣，可以買對股票，並能盡情投資創業公司而絲毫不冒風險。

可惜的是，要讓世界維持在可預測的正軌上，你本身也要是可預測的。你必須在人生中扮演被動角色，沒有能力左右事件或是開創出命運安排之外的更好未來。

現在，假設每個人都有這種預知未來的神奇能力，狀況就更糟了。因為每個人都對未來有同樣的洞察力，所以沒有人有超乎常人的優勢。如果企業成功有神奇公式，事情也會落入同樣境地——一旦廣為人知後，就沒有競爭優勢可言。

投資大師霍華・馬克斯（Howard Marks）在其中一本回憶錄中，針對這方面的思想推導出以下結論：「平均而言，每個人的預測都是符合共識的預測。」他細部解釋道：「如果你的預測也符合共識，就算正確也不會帶來高於平均水準的表現。癥結點在於超凡表現必須是非共識的正確預測，但非共識的預測難以辦到、難以正確，也很難加以行動[19]。」

從這觀點來看，不確定性並不如我們想像的那麼令人畏懼，反而給人選擇走哪條道路的自由。如果未來尚未註定，我們就能自己開創出來。畢竟，進步與否端看誰願意放手一搏以獲得回報。共產政權對此學到慘痛教訓，他們執意中央集權，使得社會經濟發展停擺——薩巴在匈牙利長大便親自體驗到這點。因此我們進入本章的結論：機運不是要消除的禍害，不是該抹平的皺褶或是要跨越的屏障，而是機會的泉源所在。

明白這點後，現代管理體系受到一連串未獲得解答的疑問衝擊。如果不在控制範圍內的因素多過於受控因素，為什麼管理理論著重於細部分析而非或然率？如果決定成敗的因素無法預見，更別說被估量，我們怎麼會產生極其強調量化的風氣？

若說改變是唯一可確定的事，為什麼大家總愛推崇效率，而罔顧適應力？再者，既然不確定性是機會的最大來源，為什麼大家卻拒絕去接觸它？我將在第二章解答這些問題並做進一步的探討。

本章摘要

- 我們置身的世界是由複雜系統所組成，其中的行為就本質而言不可預測。
- 既然我們必須要根據不完整的資訊來採取行動，結果勢必會涵蓋一定程度的不確定性。
- 可預測性低而衝擊力高的黑天鵝事件，對於世界的形塑扮演重要角色。

- 新科技的演變和實行情況高度難以預測。
- 人類行為的整體狀態，從個人的非理性表現和策略到從眾行為，也同樣難以預測。
- 錯誤和意外都是無可避免且通常難以預測的，因為現代系統極其複雜。
- 事件比大家所預期的更難預測。優異的行動可能帶來負面結果，反之亦然，因為環境中的各項要素充滿不確定性且無法掌控。
- 因此，我們必須要以或然率方式行動，要利用而非壓制運氣成分。
- 不確定性也是最大的機會根源，使人得以自己開創未來。

第二章

站在泰勒的陰影下——對於不確定性的系統盲點

一旦我們接受世界不可預測的本質，就會出現兩個迫切的問題。第一，如果不可預見的事件無所不在，為什麼我們的行動卻非如此？第二，在商業界中，為什麼常見實務作法所假定的情況太過有秩序且穩定而不符現實？

想要解開這些令人費解的問題，我們必須要走時光隧道回到過去，來理解智人這個物種，以及專業經理人如何演化，並找出演化傳承和現代世界現實之間的落差。

例如，就理想而言，人類並不適合身處於有豐富高熱量食物的靜態環境當中。人腦專對更為單純而嚴苛的環境做出迅速的決策。儘管複雜的適應式系統及或然率在道理上可以理解，卻違反我們的直覺。人腦以一層認知錯覺遮擋住了世間的偶然性。

你腦袋對於偶然性的判讀

現代心理學家介紹了人類所擁有的五花八門偏見和錯覺，這些扭曲人的判斷力，使得數千年來確保生存的特質，到了現在卻變得愛作怪且有缺陷。這點出了一個有趣的難題：如果人腦不諳此事，要怎麼期望在複雜而不可預測的世界裡有好的表現？

所幸，雖然這些偏見存在於人的心智結構中，但我們也有「後設認知」（思考自己的思考歷程）以及「推翻認知」（利用對於情境的認知判斷來修正思考歷程）的能力。我們並非無藥可救，透過對於這些傾向的覺察，我們能夠行使更佳的判斷力。

丹尼爾．康納曼（Daniel Kahneman）備受讚譽的作品《快思慢想》（*Thinking*

Fast and Slow）和魯爾夫・杜伯里（Rolf Dobelli）所寫的《思考的藝術》（*The Art of Thinking Clearly*）雙雙探索了偏見和錯覺廣泛分布的情況，並提出如何加以彌補的建議。不過，為了本書說明方便，我們只先談五種遮蔽世界絕大多數偶然性的心理因素，首先可說是人類最強的衝動意念：控制欲。

■控制

最能促使人行動的因素，包含了具備能力和自主的感受——這種原始需求自從出生起就展現出來。例如，二十世紀末時，心理學家卡爾・古魯斯（Karl Groos）觀測到嬰兒發現自己的行為能產生影響力時有多麼喜悅，他把這些嬰兒的體驗稱為「致使結果發生的快感」。這種純然的喜悅鼓勵孩童透過玩樂來探索世界[1]，如果嬰兒因任何情況而無法獲得這種樂趣，便會出現負面反應，這是每個做父母的人很快就都會發現的事情。

這種對於控制的直覺需求與不可預測的世界互相違背，因為世界上充滿著不可預測的事件。我們對於不確定性感到不自在，所以會在潛意識中表現出彷佛自己能主導情況的行為，就算實際從事的事情完全是隨機發生的也一樣，像是擲硬幣。以上這種現象稱為「控制感的錯覺」[2]。

事實上，有很多常見行為的用意，就是要排除生活中因偶然性和不可預測性所造成的不愉快。我們會分析和擬訂策略，我們會尋求專家的預測；還有，我們也會迫切想要採用據稱保證有效的產品和服務。行銷人員、銷售人員、詐欺專家和管理顧問就會常利用這點。

然而，控制欲並非導致人類大力推崇直接分析、擬定策略和進行規劃的唯一原因。相信這些作法的另外一個理由，是一旦事件發生之後，看起來就會變得理所當然。「只要用更好的分析方法，想必就能夠事先看出這個挑戰或是機會了吧？」我們是那樣想的。但是，這也是一種抹除世界偶然性的一種認知假象：「後見之明偏見」。

■ 後見之明偏見

我們都親身體驗過這個強力的錯覺：如果有對情侶分手，我們會覺得早就看得出預兆；某個產品或是某家企業走紅時，一看就知道那些負責推動的人做得好。從反面來看，如果我們所做的某個決策出錯，我們會納悶自己當初為什麼會犯傻。常言道，後見之明當然屢試不爽。

賴利．佩吉（Larry Page）和謝爾蓋．布林（Sergey Brin）在初期就因為想要繼續就學而賣掉 Google。他們先後找上了 AltaVista 和 Excite，分別提議以一百萬和一百六十萬美元成交但都遭到婉拒[3]。佩吉和布林非常相信自家的搜尋引擎技術，否則就不會投身其中。但是，他們與參與交涉的科技公司都沒看出 Google 真正的潛力。

然而，從後見之明來看，Google 的輝煌成是輕鬆就能看出來的。佩吉和布林的搜尋引擎比其他公司所設計的版本還要易於使用、搜尋結果更精確，而且介面更簡單——這些都可見一斑。

其他亮眼成就也是同樣情況。丁克．哈特菲爾德（Tinker Hatfield）受到巴黎龐畢度中心（Georges Pompidou Centre）啟發而提出了有透明氣墊的 Air Max 設計，當時 Nike 的高層認為他這個人應該要送去精神病院[4]。漫威負責人馬汀・古德曼（Martin Goodman）當初認為蜘蛛人的構想糟透了[5]；萊卡（Leica）投注整整二十年時間研發自動對焦技術，但後來因為覺得沒有市場所以把該技術賣給了美能達（Minolta）[6]。現在，對於這些構想的抗拒或是質疑顯得可笑，但這都只是因為後見之明偏見在發威。

為什麼人類會陷入對於現實的大規模誤判？有些心理學家推論，這是適應學習的副產物——我們會抹除先前的知識，以騰出空間容納新知識，避免儲存兩個互斥的敘事，從而釋放出記憶空間。也有人認為，人天生就想要讓自己對世界的認識保持一貫性，所以獲得最終答案時，會用新方式重新連結各個事物以符合結果。

然而，這類的思考歷程存在明顯的危險。後間之明偏見扭曲了我們對於自身預測能力的認知，讓人誤以為自己懂得比實際更多，因此混淆了對於風險的評估，並且讓人假定世界比真實情況還要簡單。因為不能判斷出自己當下認知及原先認知的差異，所以會把預測過去的能力當成能預測未來的能力——這是管理理論家的通病。我們知道「什麼事」發生時，就更容易解釋出「為什麼」該事會發生，這恰恰使人出現第三個強迫意念，亦即將世界的偶然性消除掉：事後合理化。

■事後合理化

因果關係或許是宇宙當中最基本而易懂的原則：擊鼓就會發出聲音。理解因果關係使人能理解世界。不過，我們所關注的方向很快就反了過來：我們要求知道「事情發生的原因」。這種需求極其強烈，所以在找不到解釋的情況下就會自己編造出來。

這種針對發生事件提出有效解釋的意念是無可避免的，無論世界秩序本身存在與否，我們都會把秩序加諸世界，而且自古即是如此。古時候會把作物歉收歸咎於惹怒神明，如今，電視聘請名嘴解釋股票為什麼會漲或跌，就算這些走勢都只是隨機的波動。

我們想要知道事發原因的意念一發不可收拾，且對於事後合理化的天賦不斷發揮作用。不過，在創造出這些說詞時，我們會以邏輯上的必然來取代偶發事件，並且在急切想要提供可信說法時，會在不知不覺中遇到商業界最忌諱的偏見：「光環效應」。

■ 光環效應

一世紀前，在調查軍官對部下的評等時，心理學家愛德華・桑代克（Edward L. Thorndike）觀察到他們會以整體外表來推論士兵的某些特定能力，例如領導力、智力和體適能表現。他把這個現象稱為「光環效應」（又稱月暈效應）[7]。

想像一下我們演化所處的環境，便能理解這種天生會以整體性質推導特定表現的傾向。把事情混而一談，透過能觀測到的因素來猜測無法觀測到的因素，便能在認知方面走捷徑，降低腦力需求來加快行動。我們也會假設某個領域的優異（或差勁）表現會在其他方面重現出來，這就是為什麼大眾會聽從明星對於明明不擅長的領域所發表的意見。

神經科學越來越支持人腦會不斷進行推論的觀點。比起採行處理感官資訊後產生行為以回應的線性過程，專家主張認知運作方式可能更傾向是一個來回的過程，即在回應刺激時，大腦會隨著新增的感官資訊累積後，開始做出修正以提出「最佳推測」[8]。

（很碰巧地，這就是影片經過壓縮後上傳到網路上的過程。YouTube 影片在緩衝時，伺服器會傳送縮減過的細節資料給瀏覽器，並由瀏覽器來猜測欠缺哪些部分。伺服器有同樣一套推測軟體，跟原始影片相比較後，只把錯誤更正傳給瀏覽器。這過程的效率遠高於傳送完整的檔案。）

言歸正傳，不難看出光環效應對我們造成的困擾。以整體表現或是可立即看到的部分來推論不相干的特定細節，讓我們有失公允地因為外貌認定受審判的被告有罪；我們也可能會因為應徵者的口音或說話風格決定要不要聘雇他，而不是用實際能力來判斷。在界定一家企業成功與否時，我們往往會找錯方向。

如果某間公司的財務表現良好，光環效應會讓我們讚頌公司的一切，從領導能力、公司風氣、客戶服務到採用的產品策略。同樣地，要是公司經營困難，光環效應就成了「尖角效應」，短短的瞬間，這些我們原本認為特別出眾的特質，全都變成嚴重缺失。自信、有遠見的領導人成了傲慢又愛幻想，曾經稱頌的創業家精神成了冒失犯險。當然，實際上改變的僅僅是股市表現而已。

這種天生會自動填補空白的傾向，使人難以判斷為企業帶來成功的真正要素。想像一下以下這個情境：我們想要找出企業表現優異的祕訣，就像許多前人所做過的那樣，符合邏輯的方式看來是找出某幾間表現良好的公司，並請教其管理階層成功的祕訣。畢竟，如果有人了解某間公司為什麼能鴻圖大展，那莫過於是它的經營者。

可惜的是，這些人也跟其他人一樣會被光環效應擺布。譬如，他們可能會表示員工滿意程度是非凡表現的關鍵，因為職員工作時感到滿意，所以會表現得更好。當然這是有可能的，不過，實際上很可能情況正好顛倒：公司運作良好使得員工感到滿意。正巧，有份研究針對這點避開了光環效應，結果顯示第二種解讀較為正確。大家喜愛在成功的公司底下做事，而且公司的成功表現為員工的職場體驗加上光環[9]。

換句話說，多數企業之所以成功的說詞都有待商榷，因為是對「已知」的成功企業所做的研究，並且根據「明白其成功」的人所下的判斷。受試者不知不覺中提出了回顧起來看似可信的說法——撇除了偶然性，且上頭有著光環效應。而且還受到了他們容易想起的資訊影響，這種傾向稱為「可得性捷思法則」（availability heuristic）[10]。

■可得性捷思法則

進行決策時，我們往往會仰賴最便於憶及的資訊，而非具備顯著及相關性的資訊。近期發生或是盤據心中的想法勢必最有份量，例如，如果有人問我們從散文段落中隨機抽出來的一個單字，以R開頭或是第三個字母是R，我們很可能會假定是第一種，因為比起在後面位置出現的單字，更容易想到以R開頭的字[11]。

這種認知捷徑會以各種形態出現。我們經常會高估聳動事件發生的頻率，像是政治人物性醜聞或是好萊塢夫妻離婚，我們也會重視個人經歷多過於統計報告或是牽涉到其他人的事件[12]。

這種可得性偏見也會對我們產生其他的影響。因為比起機運的微妙運作，我們更加關注自己所培養出的技能和付出的努力，所以自然而然會更強調後者而較少注意前者。舉例來說，我會更在意寫作的收穫和挑戰，而不是我有幸生在重視且能提供教育和識字能力的國家及家庭。還有一點與此緊密相關，那就是演化過程使人更關注負面的事件，像是面對的困難或必須跨越的屏障，因此可能根本就沒注意到自己的好運氣。

經濟學家羅伯．法蘭克（Robert H. Frank）在《成功與運氣》（*Success and Luck*）一書中精彩地闡明這一點。他用順風和逆風來做類比，逆風騎單車會讓你感覺到難度增加許多，而有順風幫助你前進的話你並不會去注意。事實上，你還是會覺得自己是迎著風在騎車。同樣道理，我們會特別記住邁向成功一路上遇到的挑戰，身在福中卻沒察覺好運已在背後推了自己一把[13]。

有鑑於這些意念和偏見，可以理解我們通常會小看了商場上不可預測事件的影響力。我們對於偶然性、或然率和複雜系統的性質欠缺內在感知，而這些都是形塑現代世界的要件。我們比較喜歡想像自己是主宰，而環境受到我們的掌控。

然而，儘管認識這些認知偏見和錯覺，能促進我們多多理解人類對不確定性的態度，但卻沒有交代清楚，為什麼常見的管理方法仍忽視了世界上廣泛存在的不確定性。反而，我們更甚以往地執著於數據（都是來自於過去事件）、分析（只能由不完善的資訊得來）以及培養預測能力（充其量也是錯漏百出，而且可能無法再有所改進）。

科學化管理的謬誤

想了解為何現況如此，我們必須要回到管理這門學問的根基——緣起於腓德烈．溫斯羅．泰勒（Frederick Winslow Taylor），他將分析的概念帶進商業界當中，並一路發展到現代。

■ 泰勒的影響

泰勒於一八五六年出生於富裕家庭，但他沒有如同旁人所預期地成為哈佛畢業的律師，而是沒讀大學就開始到液壓工廠當學徒，然後很快就晉身高層。這時候他注意到機械及操作員之間有著天差地遠的表現，機械可以預測且有效率，操作員前後不一、效率低落而且必須常常休息，使得生產力受限。

因為泰勒把勞工視為工廠設備的延伸，是來做事而不是來思考的，所以他實施嚴厲的工作規範，並進行仔細的分析來提升效率。完成之後，他開設一家獨立的顧問公司，把自己的方法推廣給大眾。他向潛在客戶保證能夠減少製造成本，只要能改善製程和實行標準化作業，以及把嚴謹的研究運用到實務上。

他最知名的顧問委託案是與伯利恆鋼鐵公司（Bethlehem Steel）合作，於一八九九年解決了裝載生鐵流程的棘手問題，他後來就用這個案例研究來進行後續的銷售宣傳。根據他對此案的紀錄，大型煉鋼廠燒了八萬噸生鐵，大約等於兩百萬條，所以需要七十五人的團隊，把煉好的鐵裝載到火車上以利運輸和販售。不過，完成此過程的系統遇到很多效率低落的情形。

泰勒分析顯示只要流程安排得當，就能將生產力翻四倍，即每個人每天要裝載高達四七．五噸的量。因此他聘雇了壯碩的人，特別挑選了身強體壯且缺少想像力的，並訓練其成為第一個受科學化管理的生鐵裝載人員。聽到依據表現來支薪，工人們勤奮達成泰勒所設定的生產目標，接下來的情況就不需多說了。

或者說故事是那樣描述的。

實際上，伯利恆鋼鐵公司並沒有八萬噸生鐵，而是一萬噸生鐵。沒有七十五名工人，而是十九或二十名。至於科學化計算出的每日四七．五噸工作量，是取前十名最強壯工人連續工作十四分鐘，再輕輕鬆鬆乘以倍數所得到的。換言之，泰勒的研究其實一點也不科學。

泰勒向工人提出要以這個誇張的速度不停地工作，以換取每日多賺七十美分，他們恰如其分用花式飆罵回絕。泰勒把大家都開除，再換一批人上工，結果他們幹活一天後就做不下去了。於是就輪到泰勒被炒魷魚，他在伯利恆鋼鐵公司的所有計畫也都被終止了。

泰勒的實驗要不是失敗收場，就是以編造的故事作結，但這都不重要，他抓住了時代的精神。美國沉迷於科學和科技的前景，並渴望獲得能符合理想的企業經營之道。泰勒熱烈相信管理是由精確定律規範的學門，這個理念呈現在他的著作《科學管理原理》（*The Principles of Scientific Management*）當中，說服了眾人，尤其是常春藤聯盟（Ivy League）的各校校長。大學在迅速發展的工業化世界中看到了機會，泰勒的作品為商業教育的學術正當性掛上金牌保證。

科學化管理回應了他們的一切訴求，商業教學以牛頓式科學為包裝，其所根據的實驗卻未曾成功。為了要跟進時代進步，企業被視為精細的鐘錶機械。泰勒將店面現場的身體和高層辦公室的大腦分別開來，這種設計也被納入課程當中。同時，學術人士和顧問將自己列在知識食物鏈的頂端，向受啟發的客戶保證會有優異表現。

在查爾斯．威格（Charles Wrege）和阿梅代奧．佩羅尼（Amedeo Perroni）合寫的精彩著作《泰勒的生鐵傳說》（*Taylor's Pig Iron Tale*）中，揭露出位在科學化管理核心的荒謬偽善思想，以及所造成的深遠後果。書中寫道：「寫這本書的人分明無法忍受騙子，卻堅持要恪守極為細節的規則，從這點就可看出其行為有悖常理。」並說：「由此離經叛道的人所創立的管理系統，深深影響到直自今日的職場關係，這點有待深究[14]。」說得實在太對了。

泰勒設立的基本範式到了一百二十年後的今日仍變化不大，許多後繼的商業巨頭把他視為可敬的勵志人物。盲目相信分析至上，或理論權威沃爾特．基希勒（Walter Kiechel）所稱的「泛泰勒主義」（Greater Taylorism）。這種傾向已侵入企業的各個層面，員工因受到禁止所以在預期外的事件發生時，很少會主動出擊[15]。策略思考的職權仍限縮於公司頂層的知識菁英和其信賴的顧問。

這種藍圖之所以會留存下來，並非因為它完美符合我們的複雜環境，而是因為其背後的錯誤思想仍未改變：認定管理能成為一種精確的科學。但就算有了巨量的數據、為此投入大量知識資源，還有無論後續商業巨頭及其左右手最大的渴求為何，泰勒對科學化管理的夢想仍維持不變。

■ 什麼時候科學不再是科學？

不同於歐姆定律（Ohm's law）這類明確解釋電路中電流、電壓和電阻之間關係的科學發現，幾乎每一道企業準則都存在著特例。

一般而言，價格越高銷售量就會越低，但也有時候漲價反而導致銷售成長。大家常說品牌跨足到無關領域很愚昧，但Aerobie就成功從販賣兒童飛盤類玩具，進入到製造氣動咖啡機的領域，開發出AreoPress並賣出數百萬台的佳績[16]。對科學來說，適用原則的相反就是不適用的原則，但對商業來說，套用我好友羅里・薩瑟蘭（Rory Sutherland）的話：好點子的相反，可能是「更好的點子」。

雖然從數據中確實可以看出某些類似於定律的原則，但在製程中沒有到放諸四海皆準的程度，就好比是理解水滴的性質，不等於就能夠控制天氣。決定結果的因素眾多，因此我們不可能真正知道哪些是決定因素。就算我們能在組織當中輕鬆進行實驗，我們也不能夠複製出一間公司，改變其中一項變因，再來看看會有什麼差別。此外，因為企業表現都是相對的概念，參與遊戲的行為就會改變遊戲規則。

簡單來說，沒有一把萬能鑰匙可以解開企業成功的祕密。在某個競爭激烈的領域獲得的經驗，到了另外一個領域往往就不通了，而且未來可能跟過去不一樣。舉例來說，羅恩．詹森（Ron Johnson）在設計和經營 Apple 的零售店成果斐然，但他的光環在 JCPenney 就幻滅了，短期擔任執行長的期間簡直慘不忍睹。在創業方面，更是講求運氣。高達九十三％的企業必須要變換初期的策略才能夠興榮發展[17]。如同經濟學家約翰．肯尼斯．高伯瑞（John Kenneth Galbraith）所說：「賺錢一事上沒有可靠的道理。否則，大家都拚命研究，且智商高的人都能變有錢[18]。」

因此，在商業界中，我們處於一種特異的情境中。即使採用了基礎「科學方法」的各項原則，包含以實驗來建立和檢驗構想或假設，過程本身也不見得能產出可靠的「科學知識」，提供各種事實用以預測出未來的行動。

很多人搞不清楚這個差別，因為他們誤以為科學儀器（研究、資料和其他聽起來技術高深的術語）能把企業轉變成精確科學。不過，這是不同的兩回事，如同哲學家卡爾．波普爾（Karl Popper）著名的「可證偽」檢驗原則所示。

根據波普爾所說，科學理論與其講求能證明為真的證據（商界常是如此），我們反而必須要尋找能證明為偽的證據[19]。他主張，科學所仰賴得不是證實而是證偽。如果聲明太過模糊、無法檢驗或證明為偽，那就不符合科學，只有確定不為偽才能判斷為真。

但是，科學以外的領域很難應用這套方法。本日運勢說我正要進入很旺的時期，很適合開始探索新嗜好。我剛好也這麼做了，但這不是個科學的聲明。我沒辦法反證我是否進入興旺期，因為我無法衡量生活到底有多旺，也無法檢驗現在是不是適合探索新嗜好的好時機。這樣的運勢預測沒通過波普爾的檢驗，多數商業理論也一樣。很有可能，我們追隨的大師也只不過是商業版的占星師。例如，想想看湯姆．彼得斯（Tom Peters）等人合著的商業經典作《追求卓越》（*In Search of Excellence*），這本書熱賣六百多萬本，讓彼得斯成為半個明星。這本書的基本論點是卓越的公司有八大特性，像是其中兩項是「親近顧客」和「學有專攻」。然而，仔細審視後，會發現彼得斯等人採用的方法和觀點都和泰勒一樣可疑。

請教公司經營有成的人祕訣在哪，而沒有以表現普通的公司當控制組做比較的話，一切都是白搭。不可能把光環效應獨立出來看，或是找出後見之明偏見和事後合理化造成多少影響。因此，說到底，根本不可能找出哪些要素造成表現突出或落後者的差別[20]。

一旦排除掉無法以科學證實真偽的情況後，剩下的卓越法則就只是普通道理。這本書出版後不到兩年，研究中所談的卓越公司有半數都不再卓越了，光看這點就知道這些法則多麼不可靠。於是，投資分析師蜜雪兒・克萊曼（Michelle Clayman）深入追查，並整理出多家沒達到彼得斯等人標準的公司，實際績效卻高於那些模範生六十％[21]。

不過，職場上年復一年都會有人熱切提出薄弱的公式並奉為圭臬。例如，現在有人說企業必須要「有個使命」才能成功，像是製造某品牌的襪子或是盜製滾珠軸承要連結到更高層次的社會理想才能獲取成功。但現實上，多間如此為之的企業失敗了，而多間不符合的企業反而大獲成功。

想要測試企業心法，要做的就是問問自己以下三個簡單問題。第一，做相反的事是否可行。不是的話，你所看到的或許是提到良好作業方式的老生常談，但不太可能在現實中帶來任何優勢。第二，這個聲明是否可以檢驗？不行的話，這就是種籠統說法，可能為真，可能為假。第三，這個聲明是否可以證明為偽？如果能確定它在某種情境中不適用，那就不是個鐵律。你會很訝異能通過這三個標準的商業理論竟然少之又少。

如此看來，問題在於如果這些假潮流這麼容易推翻，為什麼還會出現？對此，我在職涯當中觀察到有個一貫會出現的奇特循環。

■熱潮循環

一開始會先有個銷售構想，而通常是由顧問公司、商業學術單位或是調查公司所創造出來。這類的構想又有一種特定的名字，最好結合兩種抽象且有技術感的名詞或動詞。「設計思考」（design thinking）是個好例子，又或者是「數位轉型」（digital transformation）、「績效行銷」（performance marketing）或是「多管道體驗」（omnichannel experience）。這類模糊的名稱很重要，因為讓宣傳對象顯現的專業程度加倍，先界定出該用詞的意涵（還有其他人都用錯了），然後再下功夫解釋其重要性。

一旦取了適當的名稱，下一步就是要包裝此概念，並採用某種聽起來可信的數據、軼事，最好再加上一、兩個案例研究。不用太擔心調查合理與否，因為多數人都是以間接方式得知這個概念，或是根本不在意小細節。只需要獲得夠多關注來讓一些客戶上鉤。

配合上好機緣，這個了不起的構想就受到推動，而神祕的關鍵字也開始滲入管理用語中。現在，就可以發起第三步驟：做第二輪的研究來強化該構想的重要性。理想上會說：「財富五百強公司中，有七成都將此非對稱服務法（我剛發明的說法）列入未來五年內的優先事項。」可以的話，要強調這領域中的「成熟度」，讓大家開始害怕起自己已落人後。

接下來就是第五步驟，自我應驗預言。無論這構想管不管用，也不論適不適用於某個情境，只要有夠多人相信這構想很重要，就會形成一股風潮導致這個構想變得重要，於是這個構想就成為眾人競逐之地。一旦熱潮夠轟動後，就有大筆資金流入，而好死不死就會有顧問來滿足爆增的需求。

但到了最後，大家的興致會消退。結果不如眾人所預期，且在引人矚目的同時，也引來一些評判者，他們樂於當戳破國王新衣謊言的人。不過也不用擔心，很快就會有另一個構想興起，然後再度開始一個新的循環。

想想看管理泰斗波士頓顧問公司（Boston Consulting Group，BCG），歷經兩年跟穩坐市場的強大麥肯錫公司（McKinsey）競爭後，創辦人布魯斯·亨德森（Bruce Henderson）認為公司要專業化發展。但要專攻什麼？某次週日早晨的集思大會中，他們決定從策略下手——不是因為市場上對策略建議有很高的需求，而是這個想法夠模糊而可以由他們去界定，讓他們儼然成為專家[22]。

BCG最初的構想取名為好聽的「體驗曲線」（Experience Curve），很快就出現了大熱門的觀念讓他們成為焦點：「產品組合矩陣」（Portfolio Matrix）。這把企業單位依據市場成長率和市場佔有率區分出四個區塊：「金牛」的成長率低，市佔率高；「狗」的成長率和市佔率皆低；「星星」成長率高，市佔率高；「問號」的成長率高，但市佔率低。構想是一旦知道企業單位屬於哪個類別，就能提升管理效果。金牛能擠奶賺錢、狗能安樂死、星星能多加關注以增光，並發揮想像力運用以上三種方式來處理問號。

這個模型一旦亮相後，群眾開始為之瘋狂，BCG成為重磅顧問公司。但有必要把這個矩陣教給半世紀後宿醉中的學生嗎？一項研究中，學生把矩陣套用到用系統性方式揀選出的非營利投資案，調查後發現使用的企業普遍表現不如未使用的企業[23]。

原因也不難想像。利用會損及利益的策略可以輕鬆增加市佔率，像是調降價格。且某個類別吸引人與否，憑藉的不僅僅是成長率，像是市場進入門檻的高低，或是競爭程度都會造成影響。亨德森本人說過顧問服務是「地球上最難做的生意」，這也沒有什麼好意外的了[24]。

■販售策略

策略本身，也就是企業主要用來決定要採取何種行動和如何採取的具體作為，真的就只是顧問發想出來販售的一項商品嗎？答案是也不是。

就像是我們在彼得・杜拉克（Peter Drucker）「發明」出管理之前，多年來我們還是能夠以團隊運作；策略的觀念本身也早於BCG數千年[25]，例如，《孫子兵法》在二五〇〇年前就已經誕生。亨德森等商業巨頭所做的，無非是把這個概念做商業化的包裝，並將泰勒的基本藍圖延伸到新的領域。

首先是「設計學派」，強調了市場可能性和自身產能之間的匹配度。這方法最早在一九五〇年代提出，現在仍在商管課程內容和實務中佔有一席之地。以貨真價實的泰勒主義風格而言，指令和掌控是今日的秩序——位高權重的人必須要獨立創造出完美的策略，並交代給下面的人來實行。

下一個出現的是伊戈爾．安索夫（Igor Ansoff）的「規劃學派」，也是某種科學化管理，把基本概念新增到十一項，需要更多數據、欄位和箭頭。

一九八〇年代則出現了麥可．波特（Michael Porter）的「定位學派」，把前人的思想稍做了調整。他不僅指出企業需與環境匹配，還要找出並佔據市場上的有利位置。如同前人，波特對策略採用的是上位者決定一切而非分析至上的觀點。他相信機會都在市場中，留待人們去發現。

時序到了一九九〇年代，另一個方法興起，沒有完全取代前述的規範型學派，而是多做補充：改善執行方式。另一名認為泰勒展現神蹟的管理大師蓋瑞・哈默爾（Gary Hamel），呼籲領導人培養「核心素養」，並鼓勵他們「廢止」無法添加麥可・韓默（Michael Hammer）所提價值的活動。其所採過程為「企業流程再造」，這個構想就是將近一百年前沒能改進生鐵裝載流程的構想[26]。

時間快轉到現今，改變的很少，就只是把這些構想混合在一起罷了。被稱為管理界第二把交椅的羅傑・馬丁（Roger Martin），在《玩成大贏家》（*Playing to Win*）一書中，把策略描述為「五種決策的搭配：贏得勝利的抱負、戰場的選擇、致勝的方法、核心能力以及管理系統」[27]。無論從哪些意向和目的來看，這些都是把先前探索過的概念做初步整合。

你可能想問，既然羅傑・馬丁是第二把交椅，那第一把交椅是誰？這個稱號屬於芮妮・莫伯尼（Renée Mauborgne）和金偉燦（W. Chan Kim），他們的基本構想是公司要在無人競爭的「藍海」中尋求有競爭力的戰略地位──彷彿是波特的定位構想在哈哈鏡裡的映象[28]。

在管理思維的每一步演進中，差異可說在於表層而無涉及實質：在每波運動的邊緣總有名大師推崇一種偽科學劇本。每一回都停留在泰勒的知識分離想法中，也就是把思想和行動拆解開來，把策略和執行拆解開來，認為機會是探索而得，而不是製造出來的，必須要由重型機械做分析工程來挖掘出土，而這種棘手工作需要有一群專門顧問負責。

邊做邊學學派

隨著各學派陸續興起，批評學者正確指出了我們在第一章所做的總結。這些在象牙塔裡擬出的宏大計畫，在複雜而不可預測的世界裡註定要失敗。批評學者中最知名的一位是亨利．明茲伯格（Henry Mintzberg），他鍥而不捨地指出多數規範內容都沒有真正實行，更不用說取得斬獲，華麗排場和現實狀況造成的阻礙讓人窒礙難行。

相反地，明茲伯格的「邊做邊學學派」中心思想在於漸進變化。策略要講究效果而不是設計精美，讓思考和行動結合得更緊密。許多成功領導人贊同這點，像是通用電子（General Electric）的傑克．威爾許（Jack Welch）給了領導人一個著名的建議：「丟掉大師說要做的數字運算和數據鑽研……丟掉情境擬定、長年研究和上百頁的報告。這些耗時又昂貴，於你無用。現實生活中，策略通常非常直觀。挑選出一個大方向，然後往死裡打就對了[29]。」但要是規範型策略開發成本高、實行不易且難以成功，為什麼沒有被更加務實的方式推翻？根本原因有三。

第一，顧問和學者跟任何人一樣會受到偏見蒙蔽。我們事後合理化事件的巧妙能力，讓人把突現的策略變成根據事實的規範策略。

以我們先前介紹過的ＢＣＧ的一個有名範例來說，他們在一九七五年為英國政府研擬報告，解釋本田的輕型摩托車在美國大賣。這個案例研究恰好符合他們精細的模型和理論，但是，根據本田公司所表示，那些內容多半是瞎說。他們原本的策略是要賣重機，而不是輕型摩托車，但結果十分淒慘。所幸，他們員工在洛杉磯上班所騎的機車引起關注，於是乾脆就改賣那些。一切都是巧合和邊做邊學而來的結果，而不是精細策略的功勞[30]。

第二，管理概念的盛行程度很大一部分取決於是否能轉換為金錢。想像一下，有兩間顧問公司向一間尋求成長的跨國企業進行提案。Ａ公司用投影片呈現出邏輯流程，裡頭放滿了智慧型圖示、圖表以及投報率的估算。他們保證能透過嚴謹分析消除不確定性，並且找出市場上最有利的機會。他們會先擬出一覽無遺的願景，然後執行得無懈可擊。

另一方面，B公司表示能幫助該公司嘗試數種點子，並邊做邊學。他們不保證投資報酬有多少，因為市場充滿未知數，而是向客戶建議先考慮好萬一情況不如預期時願意承受多少損失。我想你也認為B公司要勝出很有困難。

第三個原因較難找出，但我在大型組織中已經觀察到無數次。任何規模的組織都不僅是商業結構，同時也是社會結構，因此地位（人類天生的欲求之一）相當重要。哪些項目顯現出我們在組織當中的社會排名？當然，薪水是其一，不過通常是保密不公開的；還有社會頭銜，不過常常會名過其實。真正顯現出重要性的是另一項：人力數量和預算。能動用的資源越多，地位就越高。

從代表性的觀點來看，最重要的企劃就是成本最高且最耗費人力，而不是能反映出明顯價值的。這樣最終導致的結果，龐大的企業轉型或品牌重塑計畫，通常比那些可以在一夜之間解決問題的專案更容易得到批准。小型但很有價值的企劃太過瑣碎，所以權力代理人根本懶得去理會。相反地，要說「我們是認真的」，最直接的方式就是大舉請來知名且價格也昂貴的顧問公司出手。

那麼考量一切後，或許不難想像多數的專業創業者完全忽視這件事。如果成功新創公司創辦人說你是學者型，這可不是什麼稱讚。許多創辦人所有的中等規模公司不打算採用大費周章的策略，更不用說沒預算那麼做。而說到全球最大的公司，因為規模之大且複雜性之高，根本無從看出這些判定型策略還有執行的顧問公司有沒有帶來更多價值。如同一名執行長所說：「刻意安排的策略是要給股東看的，突現的策略才是真正執行的。」[31]

無論如何，以上淺談管理和商業策略的歷史，可看出我們受顧問、大師和學者所鼓勵的方法能經過包裝來販售，而採用的長久範本不僅過時，在效果上也本來就令人存疑。但是，企業管理作法打從一開始就緊貼著泰勒的機械性心態。

啟蒙時期也有明顯的呼應情況。當時知識分子和哲學家認為世界完全是判定式的，沒有偶然性的餘地。伊恩・哈金（Ian Hacking）在《馴服偶然》（*The*

Taming of Chance）書中寫道：「在整段啟蒙時期……機運、迷信、粗俗和非理性，全是同一回事。」他表示：「理性的人目光遠離這些事物，能用一層無法違背的法則來覆蓋住混亂。可以說，即使世界看似混亂，但這是因為我們不明白內部彈簧絕對的機制。至於或然率……那些只是見識不足的人必須使用的有缺陷工具罷了[32]。」

也可以把這些話套用到管理領域中。流程、模型、框架、調查技巧、企劃管理理念和深入蒐集資料，都是來自於類似的判定法錯覺——只要強化使用工具、只要有更多資料、只要改善流程，我們就能透過分析來致勝。

但在複雜的世界中，除了未來於本質上不可預測外，就算能夠預測我們也無法加以掌控——所有發生的事物都是註定好的。堅決相信企業必定是精確科學的同時，我們不僅在不知不覺中忽略了科學方法的基礎（試驗看看會有什麼結果），也很沒必要地把活動限縮在「有科學感」的範圍，並將其重要性優先於那些較冷門、富有創意的方法。

我們被構想的包裝所騙，沒看見實質內涵，而且只看重能輕鬆衡量的內容，而不是真正重要的事。我們執行看似最符合邏輯的構想，注重邏輯的同業自然也會看出這些構想，並且使用繁複程度越來越高的方法，使得風險隨之增加。我們也從精準但使人誤解的數據中獲得虛假的安全感，讓我們對不可預見的未來事件難以招架。

不僅如此，我們把成功背後的巧合和修修補補視為偏差，並加以事後合理化，因此限縮了其潛力，並因為不在估算好的計畫中，因此忽略了意料外的黃金機會。

不過，根據歷史教訓，巧妙的發明和突破，往往來自於誤打誤撞，而不是從刻意探索的過程而來。例如，雷達偵測技術的發明，一開始是兩名美國海軍工程師在測試高頻率無線電，他們發現不論氣候如何都能夠偵測到敵軍船艦，於是向上級提出資助請求，但上級的預測能力有限，認為這想法愚蠢至極[33]。

其他誤打誤撞的例子包含：培樂多黏土（Play-Doh）、玉米脆片、威扣魔鬼氈（Velcro）、抗生素、大爆炸理論、可口可樂、微波爐、X光、鐵氟龍、強化玻璃和威而鋼[34]。

用可疑的理論訓練管理專業人員，並向他們灌輸分析的偏執，還推崇精細規劃，就等同於不知不覺中鼓勵他們忽略這些巧合所致的發現，並害他們在這個瞬息萬變的混亂世界中終將失敗。此外，不斷用分析和擬定策略的方式，極盡所能想辦法消除機運成分時，只會讓所冒的風險增加——把所有雞蛋都放進充滿偽科學展示投影片的脆弱籃子裡頭。

然而，如同培根（Francis Bacon）在四百多年前說過：「從確定性著手，終將滿是疑惑；從疑惑著手，將獲確知的結果[35]。」所以，想要成功闖蕩不可預知的世界，就需要換一套心態，這就是我們下一章要談的主題。

本章摘要

- 我們對於偶然性、或然率和複雜系統的性質欠缺內在感知，而這些都是形塑現代世界的要件。我們喜歡把環境想成在自己的掌控範圍內，且認為所有事件都能用邏輯來解釋。
- 「後見之明偏見」是在事發之後把這些事件視為可預測的傾向，扭曲了我們對於自身預測能力的認知，讓人誤以為自己懂得比實際更多，因此混淆了對於風險的評估。
- 把事件「事後合理化」的需求極其強烈，所以在找不到解釋的情況下會自己編造出來。
- 一旦知道某個企業表現良好，「光環效應」就會使人假定該企業在任何方面都很傑出，並以一套無關於偶然性的可信論述來解釋其成功。
- 我們的判斷常會受到近期、頻繁發生或最便於憶及的資訊所扭曲，這現象稱為「可得性捷思法則」。因為最容易想起付出的努力和遇到的阻礙，所以我們會低估了偶然性所扮演的角色，並且少去注意好運氣。

- 管理的流變充分說明我們對於不確定性抱持的態度。最初由泰勒把分析的概念帶進商業界當中，他認為管理是精確科學。
- 沒有一把萬能鑰匙可以解開企業成功的祕密。在某個競爭激烈的領域獲得的經驗，到了另外一個領域往往就不通了，而且未來可能跟過去不一樣。
- 多數商業理論和管理的觀念本質上屬於熱潮式，盛行程度取決於是否能被學者和顧問轉換成金錢，而非實際效用。
- 策略本身也不例外，是由開發成本高、不易實行且難以成功的規範型方法主導，這些方法接觸到充滿不確定性的世界後不太可能能留存下來。
- 堅決相信企業必定是精確科學的同時，我們常常忽略或貶低了最大成功背後的創意、巧合以及或然率型思維。

PART

2

為自己開創運氣

第三章 心態決勝——正面迎戰不確定性

為什麼有人成功，有人不然？有鑑於大家對於才德制根深蒂固的信念，我們通常認為原因在於才能和努力。網球巨星拉斐爾・納達爾（Rafael Nadal）在近期的一場訪談中提到：「（頂尖表現）其實沒有什麼特別祕密，就是努力、專心致志以及才能[1]。」那麼運氣呢？

如果你說某些人生贏家靠的是運氣，他們通常會覺得被冒犯——上一章提到的順風逆風譬喻解釋了原因。不過，只要經過審視，便能知道爬到最高的位置不可能不需要好運。

假設，成功純粹牽涉到天生的特質，那麼我們具備這些特質能歸功於自己嗎？很難吧。我們不能自己選擇腳掌形狀像是蛙鞋，因而在泳道中能有天生的優勢；又或是手掌特別大，所以能彈好拉赫曼尼諾夫（Rachmaninov）的大間隔和絃；我們也不能選擇智商要有多高。我們把有天生才能的人稱為天賦異稟，因為他們的能力就像是上天賞賜的禮物。那是與生俱來的，而不是後天獲取的。

這些能力無論是被挖掘還是培養出來，都需要碰運氣。我曾經有機會成為滑雪的奧運選手嗎？答案沒人知道，我在英格蘭郊區長大沒有學過那些技巧。所以，就算我們夠幸運而具備某種才能，實際展現和後續發展很大一部分取決於家庭或是教育環境的因素，這兩項都不是自己能掌控的。

舉例來說，納達爾打網球的才能是在三歲大時，被他身為專業網球教練的叔叔托尼（Toni）所發現，並後續耐心培養出來的。這點可遇不可求，不是每個有天分的孩童都能遇到。納達爾說：「沒有他我就成不了什麼氣候[2]。」承認他的表現不光只是靠努力、專心致志和才能而已。事實上，環境競爭越激烈，像是商場、職業運動和藝術界，機運所佔的比例就越高。

我們拿才能和經濟狀況來當例子。卡塔尼亞大學（University of Catania）的亞歷山德羅・普魯奇諾（Alessandro Pluchino）教授和團隊夥伴創造出一種精巧的電腦模擬效果，精準反映出真實世界的才能多樣性，並追蹤這些虛擬人物在理論上四十年間的成功表現。模型中採用與現實相仿的財富分布，結果顯示表現最亮眼的不是最有才能的。研究學者表示：「最大的成功並不會吻合最大的才能表現，反之亦然。」他們說：「清楚可見最成功的人士最為幸運，而較不成功的人則最為不幸[3]。」

這表示人生中的成就全是碰運氣嗎？不對。如果你整天躺在沙發上，希望有好事發生，最後只會落得失望的下場。也有很多人命運多舛或是欠缺同儕所有的天賦，卻達成了非比尋常的成就。在另一端，許多人一開始運氣滿點，但潛力卻只發揮出一點點。無論我們才能有多高，不接受批評指教就不會進步，又或是狀況變艱難時也會開始衰退。

因此，要轉變成功機率能做的事情有很多，因為指引行動的信念和態度是最重要的——「包含我們對於機運及其結果的信念和態度」。

務實的第一步驟，就是要培養出正確的心態，讓我們能發現自己天生的志趣、才能和能力，並培養出敬業精神來發揮潛力。還有同樣重要的，是考量人生路途中機運難以計量的比重。說到底，我們必須要努力開創自己的好運氣（這是本章和下一章的主軸），在狀況不明之際能平心靜氣並保持沉穩，在倒楣的時候也要能夠冷靜以對。

實際上怎麼做到這一點？要培養出以下的五道心法，讓我們面對環境中固然存在的不確定性時也能跨越過去：平常心看待失敗、抱持成長型心態、堅持到底、一心追求真相，以及精益求精。

原則一：平常心看待失敗

本書的基本前提是未來於本質上不可預測，且多數事情都不在人的掌控範圍內。我們所處的世界欠缺確定性，而是有著可能性和或然率。在接受這一點現實後，就能面對重要的事實：光憑自身行動無法決定結果——還有始料未及的因素存在，且常具有決定性。

這個要點在情勢有利時不會產生問題。要是我們獲得工作機會、贏得行銷專案或是成功進行創投，我們就會接受獎賞然後繼續生活，常常也不必在意還有什麼其他可能的結果。但要是情勢不利，狀況就不一樣了。不好的結果更容易讓我們記在心裡，而失敗帶來的心理負擔和實際後果通常令人不好受[4]。對某些人來說，失敗的可能性太慘烈，因此要不計代價去避免。我懂，我曾經就是那樣的人。

我從小成長的環境期望我要有卓越表現，我因為錯漏百出而受羞辱。我重要的人格養成時期是在保守的寄宿學校度過，極為重視某些特定的活動，沒有一項是我特別擅長的。

因此，成年時我已經內化出一種常見的有害信念，認定失敗不只是生活中遇到的事情，也等同於自身的本質。而我身為人的價值，要取決於成就的多寡。這些病態的想法造成兩種傾向：首先，我在潛意識中把自己限縮在最有機會成功的活動之中；再來，我以偏執的完美主義來追求這些活動表現，到了只有極為畏懼的人才做得出來的地步。

這兩種傾向都無法讓人發揮潛能，之後會再說明。雖然對於失敗有適度的恐懼有促進的效果，但那是很糟糕的一種推力。因為畏懼失敗而行動時，越成功焦慮感就會越強。好比是在爬梯子，爬得越高就越害怕跌得越疼。一旦能夠懂得商場中或然率的性質，我們就會發現看待失敗的錯誤心態對潛在的成功施加了多少負擔。為了突破這些枷鎖，有五個要點能幫助我們重建出更好的失敗觀念。

■ 個人的影響力有限

世間所發生的事情多數不是人所能掌握的，且優良的決策不見得能帶來優良成果，所以因為事情不順利而懲罰自己並不明智。不過，我們對於失敗的恐懼有很大一部分是從個人責任感而來——如果事情不如期望，罪魁禍首就是我們自己，別無其他。這個問題又因人人都會遇到的後見之明偏見而變得更嚴重。

一旦明白自己的影響力有限，且我們只能以當下可得的資訊來下決策，就能夠換新的眼光來看待意料外的結果，將之視為在不可掌控的世界中行事時無可避免的結果。只要我們不再每次事情不順利時感到要責怪自己，失敗所帶來的不適感和恐懼感就能大幅減低。

■成功的相反不是失敗，而是學習

嘗試新事物時，要花時間來磨練技巧。例如，我兒子學走路時常常跌跌撞撞，我學彈鋼琴時也常常彈錯。這兩個例子中，不會有人把我們的情況視為「失敗」，因為我們所做的是培養需要鍛練的技巧，且是個試誤的過程。擬定商業策略或是發起新投資案也是同樣道理。我們的假定不盡正確，或有些需要修正，且影響成敗的某些因素事前並無法得知。我們必須要在來回修正和摸索的過程中學到適用的方法。

我們所認定的失敗，只不過是學習和在不確定的環境中行事所遇到的現實後果。如果假設錯了，且就算一直等到發售產品時才發現，也應該把這些視為能用來加強的寶貴經驗——愛迪生便是秉持這個精神。研究助理哀怨一整週的實驗毫無成果時，愛迪生說了一句名言：「成果豐碩！我找出了數千種不成功的方式[5]。」所以，我們必須要允許自己和他人好好地一路失敗前進，才能夠發揮出潛力，並且要認清楚專案、願景或是投資案失敗，也不等於本身是個失敗的人。

■不嘗試就不會成功

如果沒預備好失敗的風險，就不太可能獲取更多的成果。長大中的孩子或是演唱會鋼琴家只想不顧一切避免犯錯的話，就只會故步自封。切記，不用很厲害才開始，是要開始之後才能變得厲害。必須要具備跨出第一步的勇氣，並且預備好邊做邊學習。

在商業方面以及在人生中，有兩種懊悔：希望改進原先作法的事情，以及想做卻沒有去做的事。後者通常更嚴重，因為壞處必然存在。如果有嘗試的話，就有成功的機會。如果嘗試而失敗，有可能學到寶貴的經驗；如果連試都沒試，就一定不會成功或學到任何事。從這邏輯看來，冒著可能會失敗的風險去嘗試，好過於連試都沒試。

體壇上兩大傳奇人物都贊同這個理念不僅僅是巧合而已，他們所在的領域也很靠機運。籃球巨星麥可・喬丹（Michael Jordan）說：「我能接受失敗，每個人都會有失敗的時候。但我不接受不去嘗試[6]。」

冰上曲棍球選手韋恩・葛瑞茲基（Wayne Gretzky）曾說：「不出擊的話，命中率就是零[7]。」他說的話也適用於商業。我們不該讓對失敗的恐懼成為自我應驗預言——只要不嘗試，就等同失敗。我們不得不承擔風險，且只要有風險存在，事情就有出錯的可能性。

無論是開始去做一直感到興趣的新愛好、開啟新的企業投資案件，或是轉換跑道，許多人難以施展抱負，因為沒辦法從起跑線踏出第一步。我們不知道從哪開始，面前要做的事情令人惶恐。我們擔心自己經驗不足，心裡想著各種以後再說的藉口，一直在瞄準卻從不扣板機。我用工程學中的「靜摩擦力」一詞來描述這個問題：靜摩擦力是使靜態物體開始移動時會遇到的初始阻力——想要投入新的事物，就必須要克服的第一道阻礙。

我發現克服這障礙時有兩個密不可分的面向——認知層面和現實層面。

認知層面的解法是理解多數阻撓人們啟程的障礙多半是錯覺——看往前方時產生的海市蜃樓。展望未來時，面前有著總有一刻必須面對的重重挑戰和障礙，但我們會覺得立刻就得要把它們排除才能開始。這絕對不是事實。不用把可能會碰到的問題都解決才能開始，事實上，這樣想反而讓人無法採取行動。

現實層面讓人展開行動的解法是把觀點限縮在往前進的下一個步驟。或許你一直夢想著要學衝浪，那就上網查「衝浪課程」和預約第一堂教練課。或許你想要換工作，那就先上 LinkedIn 聯絡二十個從事你理想職位的對象，向他們說明你的情況，並詢問是否能撥幾分鐘回答問題或是提供一些建議。很多人不會理你，但也有些人會願意，這麼一來你就開始前進了。如同薩巴喜愛的講法：「累加推動力的方法始於開始推動。」最初的第一步通常是很小的一步，然後就能加快速度和增加信心。

舉例來說，二〇二一年時，新冠肺炎讓我多數時間都待在家，於是我決定開始做人生必做清單裡的第一項：組裝個人化摩托車。我沒有任何先備知識、工具，甚至也沒有摩托車駕照，有些人說我太異想天開了。實際上，只要專注於下一步，我在做整件事時一點也不覺得負荷不來。出錯時，就提醒自己搞砸是學習新事物的其中一環，也找到了我困住時能指導我的一群人。

我是這樣開始的：首先，找到一輛適合我的出售摩托車，買下來後安排運送——輕鬆寫意。在等車來的期間，我買了一些改裝的書來讀，也採買上面推薦的基本工具和維修手冊——一樣非常簡單。我去上課並取得駕照，這是只要稍微練過就能辦到的。接著，車送來後，我開始依照維修手冊來拆解，拍攝並把所有零件都做標示——不用特殊技巧，只要會轉轉扳手、用螺絲起子、拍些基本照片和把東西放入有標示的袋子和盒子中。

我都還沒回過神，摩托車就已經拆好，我也重建引擎到一半了。困住時，我就看看書（或是 YouTube 影片）、請教內行的朋友，或是打電話問專業人士。不過就是這樣罷了。唯一阻礙在於時間、買工具的錢，還有組裝需要的空間，但只要花點心思就能解決。我知道有個慕尼黑的人在只有一房的公寓內就能改裝好跟我一樣的摩托車，他把零件收在床底下，而且女友很能體諒。

你對想做的事也能採用類似方法——無論是取得空手道黑帶、開立事業或其他任何活動。思考好第一步該做的、再下一步，然後繼續下去，遇到挑戰時便加以應變。

■放膽才會贏

有些構想看起來難以實行，卻能吸引到資金和願意投入的人，這點讓許多人感到困惑，我過去也是一樣。不過，原因其實很簡單：瘋狂的大點子正有潛力獲得瘋狂的大報酬。換句話說，風險和報酬之間是有關連的。

譬如，想想 Apple 在開發 iPhone，或 SpaceX 在建造可重複使用火箭時承擔的風險。想想看吉姆・簡納德（Jim Jannard），他以僅僅三百元美元的基金在車庫中創立了運動設備品牌歐克利（Oakley），並發展成一家賣出成交價達二十億美元的公司[8]。他並沒有退休逍遙去，而是再度投入高風險的挑戰，成立瑞德數位電影公司（Red Digital Cinema），製作全球第一批的 4K 數位電影攝影機。

沒錯，這種企劃失敗的風險似乎超過了打安全牌的好處。然而，事實是如果失敗好幾次，但有一個闖出名堂，便非常有機會能夠超越願景格局更小的對手。如果我們相信（應該如此相信）以平凡的構想無法取得非凡成果，那就要接受一定會有失敗的風險。

■負擔得起損失，就沒有所謂失敗

無論態度有多清明，失敗的壞處仍存在。我們不能完全豁出去，冒上損失一切的風險，或是遇到任何構想都投入時間和金錢，那樣馬上就會破產了。解決方法就是「可負擔損失原則」：對於某個構想的投入，不能超過可接受的損失。只要以可負擔損失的範圍來進行，就沒有所謂失敗。因為我們能從不至於摧毀自己的錯誤中學習。確實，研究顯示比起投報率，可負擔的損失更是推動世界頂尖創業家決策過程的因素，因為讓他們能在管控損失的同時有機會獲取巨大的利潤[9]。

想要把握好可負擔的損失，最先要問的重要問題是：「壞處是什麼？」一般會自然而然地專注在決策的潛在優點，再來決定如何把成功機率提到最高，但實際上反過來會更有用。最好要注意的是決策的潛在壞處和可能發生的機率，這讓人可能不需承受必須確保有成果的壓力來多方嘗試。自從我與薩巴開始合作後，用這種逆向思考的方式來下決策，就是我心態上最大的轉變。而且我幾乎立刻就坐收成果。相關範例有很多，以下舉其中一個說明。

歐洲有名潛在客戶向我的設計顧問公司和其他同業對手要求，針對協助他們開發新行動裝置應用程式交出提案。不過，從簡介中就可看出他們做企劃的方式很難成功。我們要怎麼辦？最明顯的選項是盡可能交出最佳提案以期拿下案子，再說服他們換個做事方法，要不然就是直接婉拒合作。結果，在遵循可負擔損失原則的前提下，我們想出了第三個選項。

我打電話給潛在客戶主動給出另外的提議。我願意挑選他們方便的時間，搭飛機過去那邊花一天時間說明我們的設計流程、回覆團隊提問，並且留宿以共進晚餐交流一下，然後隔天飛回加州，如上他們不需負擔成本。

我們來看看這個決策的壞處。他們可能在通話時直接拒絕，那麼我們就可以再決定要不要繳交提案——這樣一點壞處都沒有。另一方面，他們也可能說好而接受我的提議，那麼一來最糟的也就是花了幾千美元的旅宿費用、損失三個工作天、有點飛行疲勞，而沒拿到任何工作機會。我評估這些壞處都是做這場生意可以負擔得起的損失。

現在來看看這構想的潛在好處。首先，我們可以面對面看看能不能處得來，並且培養雙方交情。第二，可以長時間討論，更加了解他們的企業，以及知道要怎樣給予協助，而不僅僅只靠簡介內容。第三，他們可能會放棄競投，接受我們的作法並把企劃交給我們。第四，如果我們精確解釋過如何把事辦好，他們還是想依照原本的規劃，我們就能確認不要跟對方合作。

結果如何？他們熱切接受提議，我們不僅拿下該計畫，也獲得後續相關的案子，而不用參加競投。我去這一趟的投報率在第一年高達三千％。

把潛在的好、壞處攤開來看，決策下起來就很輕鬆，尤其是已經知道結果的現在。但是，多數有同樣機會的其他顧問公司從沒想過採取這行動。事實上，如果潛在客戶要徵求提案，你的回應是跑到地球另一端去告訴他們你的高見，你恐怕會被開除。

為什麼呢？

因為他們的目標是要以最小的風險來達成明顯的好處，不接受某個風險，卻犯了更大的風險，而且好處可能更少。提議要去到地球另一端，根據這邏輯來看很瘋狂。感覺起來合理作法就是根據對方的要求繳交一份提案。風險只不過是花時間撰寫和展示提案，不過回應提案要求耗費的時間心力很可能大於快速跑一趟。

話說回來，以邏輯來看尋求有保證的好處，會好過於把心神放在壞處上，但這方式本身很受侷限，因為我們白白把自己限縮於只有短期可立刻見效且易於達成的活動之中。那麼一來我們就困於舒適圈中，進展緩慢而永遠無法發揮潛力。

反過來說，如果我們可以接受某行動可能遇到的壞處，並能自由地多多嘗試，即使會因此而承擔之前避開的風險，不過也有機會獲取更多好處。

原則二：抱持成長型心態

根據心理學家卡蘿　杜維克（Carol Dweck）所說，成長型心態的中心思想是，相信在有意識的努力及他人的引導下，人的基本特質或能力可以改變，即人的才能和資質不是固定的，可以加強或是轉變，而一個人真正的潛力無可限量。相反的是「固定型心態」，相信人的特質已經決定好且無法變動[10]。

人所抱持的心態對於如何過生活有巨大的影響。譬如，在自認為能力固定的領域中，我們一心想要去「證明」而非去「改善」能力。畢竟，如果我們在某件事的才能有限，又何苦去學習或是追求進步？為什麼要冒險暴露自己的不足？

固定型心態和對失敗的恐懼相互助長，讓人走不出舒適圈。在有固定型心態的情況下，我們會去避免或是強烈拒絕接受批評，因為無法去改變。這麼一來，我們便會想要讓能力受到肯定，或是只跟不會說自己不是的人相處。

然而，固定型心態從根本上無法配合能在不確定世界成功的條件。若不相信自己能學習、進步和克服挑戰，市場的嚴酷現實、創業路上的顛簸還有人生中難免遇到的失敗，都會讓人舉步維艱。每次受打擊、每次結果不好、每次假設錯誤，都會把人批得體無完膚。我們也會因此無法發揮潛能，且難以克服眼前遇到的困境。

反過來說，成長型心態相信自己能培養潛力，會讓人關注邁向成功的過程多過於結果。我們會因此更願意接受意見回饋和建設性批評，以利幫助我們改善，且不會因為失敗而就此定義自己——我們會從中學取教訓以改善未來的表現。

這就解釋了為什麼薩蒂亞．納德拉（Satya Nadella）在接任微軟執行長一職時，優先著重於讓全公司採行成長型心態。他把公司後來的成功表現歸功於風氣的改變，他說：「什麼都學比什麼都懂來的強。」這點讓人不得不贊同[11]。但是，我們要怎麼做才能培養和維持成長型心態？首先，必須要能虛心受教，接著盡全力不要讓自尊凌駕於行動之上。

■虛心受教

我能把人生中許多成就化為黃金三步驟：第一步，找專家；第二步，請教怎麼做；第三步，照做。

這方法聽起來相當簡單，很多人卻做不到。有些人找蠢蛋提供意見然後照做，或是找來專家卻反倒指導起對方，有些人甚至都找到了專家並詢問怎麼做，但實際上卻做了相反的事，這些常見行為會對成果造成危害。我們當然要去質疑僵硬教條，對獲得的建議施以批判性思考，或是交互參照不同方意見。不過，向可靠的專家學習，能讓我們對關鍵技巧扎下根基，並了解在眾多領域成功所需的知識，讓人有良好的基礎可以加以發展。

欣然接受他人專業建議的人絕非只有我。如同後續會看到，我們在第六章探索創業過程時，薩巴探索新構想的第一著眼點，是向擁有充分評判能力的領域專家尋求意見回饋，而可直接否決概念以把成本壓到最低，又或是增加成功的機率。你也能效法他。學習新技能、探究某個主題或是發起新的投資案，要尋找能引導你的可靠專家，省去學教訓要付出的慘痛代價。

要怎麼判斷一個人是不是真正的專家？我用三個標準來篩選：第一，他們是否擁有經得起檢驗的專業表現紀錄？第二，他們能否用淺顯易懂的方式來解說他們那行的各種概念和原理？第三，他們是否願意回答到你滿意為止？如果沒有成功實例、躲在技術用語的高牆後面，又或是無法回答你的問題，就是該注意的警訊。不過，實際找到值得聽信和學習的對象時，我們通常會遇到進一步的挑戰，讓人不去遵守他們的建議：自尊心暗中作祟。

■管好自尊心

通常小事情就會讓人發作，像是買東西時被前面的陌生人推了一把、同事在上司面前批評你的工作表現，或是給你意見回饋的朋友不僅僅在你的商業構想找到漏洞，還是千瘡百孔。

自尊心一現身，就會迅即猛烈地湧上來——我們遭受攻擊了，所以要自我防衛。我們沒有錯，是對方不懂。再說了，他們以為自己是誰啊？想要自我合理化時，我們說話語氣會變衝，或是直接破口大罵。大家都有過那種經歷。不過，醜陋的事實是，讓自尊心來主導時，一切寶貴事物都會受到最嚴重的摧毀。我們必須要主動培養出一種罕見的強力技巧：能好好應對建設性批評的能力。

關鍵是要明白「你不等於工作成果」，要在心中把這兩項劃分清楚。他們是說不喜歡你寫的商業案例，還是覺得你是沒用的人？他們拒絕了你的稿件，還是抹煞你的人格？往往，我們的反應好似前後是同一回事，但並非如此。有人批評我們的工作成果，跟他們直接批評我們有天大的差別。一旦懂得這一點，就能更輕鬆地接受批評。

因此與其順從自己的衝動，通常也就是拒絕任何小地方的負面意見回饋，該做的是深呼吸後問問自己：「這能不能幫助我進步或是讓成果變更好？」答案多半都是確實可以。提醒自己，如果有人願意花時間思考意見回饋來提供給你，他們可能是想要幫助你更加進步。他們是不是說得有道理？有沒有可能其他人也會有同樣想法？多關注能加強成果的事項，長期來看你會有更多能感到自豪的成就，無論當下的經歷令人感到多麼不順心。

如果其他都不管用，記住這一點：私下接受朋友、同事和前輩出於好意的評論，還可以輕鬆做出改變，總好過於直接硬著頭皮上場。經過磨練後，就能讓臉皮厚一點，一旦知道他人的意見回饋能幫助你進步多少，你就會開始找最犀利的評論者。還有另一個更大好處是，大家知道你願意虛心受教，他們就越願意好好提出建議，這樣就是雙贏。

然而，還有一個挑戰存在，接受意見回饋和提起力氣去採取行動不見得很容易。或許得重新來過、轉換方向或是改動先前完成的進度可能讓人受盡打擊，但如果想要發揮潛能的話就別無選擇，只能努力不懈。

原則三：堅持到底

堅持、決心、毅力，要怎麼稱呼都行。成功的一大重點在於成功不到手，誓不罷休。這聽起來是老生常談，但實際上太多人隨隨便便就放棄，或者是不了解不確定性與堅持不懈之間的關係。

一切都回到機率遊戲。如果成功率很低，不過因為我們追求的構想報酬特別龐大，或是所處的領域競爭非常激烈而機運具有決定性，那麼失敗、壞運氣或至少某些難以預見的挫敗都是無法避免的。構想越宏大，越多人會拒絕，至少起初是如此。

發生這種情況時，我們必須盡可能學習，並據此調整所做之事，再繼續向前。不能夠因為打擊、失敗、新資訊、信念破滅、犯錯、不可預見的事件，或是發展歷程中暫時的停滯期而放棄。這些都是眼前會看到的情景，但成功可能就在下一個轉角處等著。唯一找到的方式就是不斷邁步，並把邱吉爾所說的話銘記在心：「不要妥協，千千萬萬不要、不要、不要妥協，無論事情大小輕重，除非是為了榮耀和別具意義的事[12]。」

人很容易想把他人人生的成就歸功到過於常人的才能，或是我們無法企及的得天獨厚境遇。這甚至還有一個術語叫作：「天分偏見」（naturalness bias）[13]。

雖然用這種說詞能安撫我們的自尊心，但對現實造成摧殘、貶低他人的成就，且就像其他固定型心態的情況一樣，會限縮人的潛能。殘酷的現實是人生是耐力賽，無論在哪個領域，成功者往往是能振作精神走下去的人。

例子有很多，像是J．K．羅琳（J. K. Rowling）的作品《哈利波特》被十二家出版商拒絕[14]。Sony的創辦人花了三年的功夫找出成功的商業構想，甚至考慮過要賣味噌湯和蓋小型高爾夫球場，然後決定要製造電鍋，結果也沒有紅起來。他們第一個成功的產品是電壓表，資金來自於維修收音機的業務[15]。

詹姆士．戴森（James Dyson）總共嘗試過五千一百二十七種原型機，才成功推出無集塵袋吸塵器，且構想被當時英國的每家經銷商和製造商拒絕，所以他只好自己出來創立公司。企劃開始後過了十五年，他終於成立以自己為名的公司[16]。現在，他也成為全球一大富豪。

由此可見，堅持是成功的關鍵決定要素。不過，這種力量不是本來有就有、沒有就沒有的嗎？堅持程度有可能增加嗎？根據此主題的世界級權威安琪拉．達克沃斯（Angela Duckworth）的看法，答案是肯定的——毅力可以培養。

根據達克沃斯的研究，毅力的典範有四項心理驅動力量：對所從事的事物抱持深層興趣或熱忱、能透過結構式練習系統性提升能力、感受到崇高意義強化投入力量，以及相信未來能比現在或過去更好的希望。以上都能隨時間培養出來。達克沃斯寫道：「你能學習如何探索、培養和加強自己的興趣；能養成自律的習慣；能孕育出使命和意義感，還有教導自己懷抱希望[17]。」

養成毅力分成兩段過程：第一，必須擁抱自己獨特的興趣，並培養出強烈的自我意識，以找出天生有動力去追求的活動；第二，必須對於可達成的事物設下實際期望，並且建立固定慣例流程和儀式來專注向前，以利採取實際步驟來展開行動。

■擁抱自己的獨特性

人類在天性上容易產生相互牴觸而矛盾的行為。以社交領域為例，大家都希望既能融入又能突出；人生中要成功必須要與他人合作，但也要相互競爭；我們想要忠於自我，卻又十分在意他人對自己的觀點。

二十世紀的社會學家大衛・理斯曼（David Riesman）在他的著作《孤獨的群眾》（*The Lonely Crowd*）中探討了這個主題。他區別了人類固有的內在導向（inner-directedness）和他人導向（other-directedness）。偏內在導向的人能深入欣賞自己的性格，內心有個陀螺儀能提供運轉的穩定基礎。相反地，他人導向者所用的控制儀器較類似於雷達[18]，他們關注他人的行動和興趣，並像變色龍般融入時下潮流。

理斯曼相信消費主義興起會造成社會大眾朝他人導向轉變。他寫道，大眾會更加關注名人所買的產品和做出的行為。我想這個理論如此有先見之明，他自己地下有知也會大為震驚。很巧地，研究帝國興衰史的格拉布帕夏（Glubb Pasha）也觀察並表示：「衰亡國家的英雄都如出一轍——運動員、歌手或是演員[19]。」我下筆的當下，Instagram 上追蹤數破兩千萬的人，基本上就是運動員、歌手和演員[20]，這點我們是不是應該擔心？或許稍微超過我們討論的範疇了，但理斯曼對於他人導向的危害也有些著墨。因他人意見和認同與否太過焦慮的人，會無法知道自己想要什麼，同時又太在意自己喜愛的事物[21]。問題就出在這裡。

不確定性形成了使人不安的一大空洞，裡頭充滿了他人的想法——要如何過活，或該賺多少錢、該成為哪樣的人，或怎樣算是成功。因此，我們不知不覺活在他人設立的成功標準框架中，而不是由自己來替成功下定義。問題是，如果過於他人導向，不斷要去迎合時尚或是迫切求取他人認同，那麼我們就不太可能找出自己真正的志趣。因為堅持需要深層、內在的動力，所以會難以讓自己向前。他人導向也影響了我們對失敗抱持的態度：如果最在意的事情是在他人眼中有好形象，那就會奮不顧身去避免失敗而無法真正有好的發展。因為他人主導重視共識而非成就，也會阻礙人成就非凡之事、超越對手並發揮潛能。

與其盲目從眾或擔心他人怎麼想，要做的是看出自己獨特志趣、個性和性情的本質：無窮無盡的動力、無可取代的資產，促成繁榮社會所需的多樣性之功臣。如此看來，內在導向具備莫大的優勢，但這前提是要知道我們想要成為怎樣的人。

■決定好要當哪種人，該做什麼就變得容易

有些人相信個人改變、成長和進步的過程中，第一步是要「做」出不同的事。如果設立正確目標，並有意識地做新行為和養成習慣，我們就能穩扎穩打成為自己想成為的人。然而，實際上相反作法的效果更強。首先，我們要決定自己想成為哪種人，然後行為就會跟進。自身認同感能支配的力量遠遠凌駕於行動之上，我們自然而然就會做出符合自身認同信念的行為。

素食者不吃肉，拒菸者不抽菸，猶太人在安息日休息，若非如此就會形成一股令人不適的認知失調感——因為知行不一而導致內心不平靜。我們的認同感讓人有理由行事，而行為成為人格形象的延伸就會變得自動自發[22]。

我們的身分認同感也在狀況極不明朗之際支持著決策過程。很少有資料可參考，或必須兩權相害取其輕時，必須以內在來關照所擇道路，憑藉著價值觀、信念和態度來導引自己。我們的身分認同感對於決策進行所扮演的角色極為關鍵，如果想要改變行為，就必須先告訴自己和他人適當的說法來支持該轉變。產生某種身分認同後，行為就會隨之發生。

詹姆斯・克利爾（James Clear）是習慣養成方面的專家，他明白地闡述了這一點：「真正的行為改變是身分認同的轉變。你也許會因為受激勵而開始一個習慣，但要維持下去只有一個原因：這個習慣成為你身分認同的一部分⋯⋯你的所做所為都暗示了你相信自己是什麼樣的人⋯⋯。反覆對自己述說同一個故事，多年下來就很容易陷入這個心理慣例，認為它就是事實。到頭來，你會開始抗拒某些事，因為『我不是那種人』。」他後續又說道：「想要成為最好的自己，就要持續修訂自己的信念、升級並拓展你的身分認同[23]。」

開始自詡為運動員、創業家或是投資人，你就會開始有那樣的思維和行動。主動讓成長型思維成為自我認同的一部分，內在的壓力就會朝此方向塑造你的行為。切記，你的自我認同只是關於你是哪種人的一套信念，而信念是能夠改變的。無論你受到哪種說詞或是身分認同而猶豫不前，你可以換一個訴說的方法。最重要的是，你要力求活出真實人生——把天性和志趣擺在中央，就算對你來說的真實在他人眼中不像是真的也是一樣。

拉爾菲・利夫希茲（Ralphie Lifshitz）的雙親是東歐移民，他是個生長於布朗克斯（Bronx）的貧窮孩子，嚮往著他在大銀幕上見到的優雅世界。他現在以雷夫．勞倫（Ralph Lauren）之名著稱。他的傳記寫手表示這是「他以想像力自行虛構出來的」，他便是以這個身分來釋放負擔，重新改造自己，體現出旗下時尚品牌 Polo 所推崇的滿懷抱負精神[24]。

不過，無論身分認同有多深刻，且內在導向有多強烈，還是會遇到必須要去克服的挑戰。至於是否能戰勝，很大一部分取決於是否為這些際遇做好預備。

■ 調整好期望

一個人的期望會決定他看待事情的方式。我經常擔心做某些事情，像是聯繫網路業者或是索取保險理賠，結果發現其實沒有那麼難而感到開心。不過，在工作表現上，情況往往反了過來，我們忽略合理情況，只想要儘量避免遇到狀況，在更短期間內達成更多成果，因此受了沒必要的苦。

拿寫作來舉例。多年來不少人請我提供建議，或是打電話來尋求安慰，因為手稿被經紀公司或出版商拒絕、發現某一章不合用而要重寫，或是整本書架構混亂所以要重頭來過，感覺好像天就要塌了。不過，儘管這些事情不好受，不過一回生二回熟，反而因此有了心理準備——以上種種是我認識的所有作家都必經的歷程。

在成立和發展企業時，不切實際的期望也會帶來一大堆沒必要的苦頭。例如，我們期望大眾會很熱烈響應我們的發明，甚至還怕構想被其他人剽竊。現實中，多數人只是無關痛癢地聳聳肩，說出他們認為不管用的原因，又或是已滿足於現存的解決方案。如同物理學家霍華德・艾肯（Howard Aiken）所說：「如果你的構想有任何好處，還得逼著人吞下去才有用[25]。」

雖然真的有人二十來歲就成為億萬富翁，或在創立公司兩年後大賺一筆而退場，但這些事例會出現在頭條上就是因為很難得。現實情況是，多數認真投入的活動要花五至十年的時間才看得出成果，而這段期間會遇到大起大落。

你的構想會引來冷嘲熱諷、機運會耍弄你的規劃、你將要克服意料外的障礙和挫折、你的假設會出錯，但這不表示你不會成功。預期會有這些逆境，或單純預期會有預料之外的事，讓你能更輕鬆應對這些事情。做最壞的打算，同時懷抱最棒的希望，那麼你就能通往康莊大道，尤其是發展一套慣例作法，讓你能一路走在正軌上。

■創造慣例流程和儀式

運動員、太空人和藝術家之間的特質相似到使人驚訝——他們採用嚴格的慣例流程。例如，許多籃球選手的賽前儀式廣為人知，且太空人提姆．皮克（Tim Peake）也強調在國際太空站上的結構條理和慣例流程相當重要。

有些科學家、作家和作曲家日常的重要儀式以出奇著稱。每天早上十一點鐘，維克．雨果（Victor Hugo）會在根息島（Guernsey）住家的屋頂上，以前一夜放置的冰水淋浴，並以馬毛手套刷洗身體；德國詩人弗里德里希．席勒（Friedrich Schiller）沒聞聞他存放在書房抽屜的爛蘋果就沒辦法下筆；尼古拉．特斯拉（Nikola Tesla）在吃每一餐之前，都會在心裡計算餐點的體積大小，不然就無法好好享用；安東尼．特洛勒普（Anthony Trollope）每天都要寫作三小時（如果在這段時間內小說完成了，就會緊接著寫下一部）；還有知名編舞家崔拉・夏普（Twyla Tharp）清楚表示重複做一件事的價值，甚至針對這個主題寫一本書，名叫《創意是一種習慣》（*The Creative Habit*）[26]。

這些不同領域的典範人物有哪些共同點？首先，他們都面對環境中的不確定性；第二，他們必須在高度壓力下展現技能；第三，他們產出時需要在一定的時間內全神貫注。

這些情況下，重複的慣例流程或是儀式能提供安定的力量，減緩未知所帶來的壓力，給人一種有條理和掌控的感覺，這是環境當中原本所欠缺的。研究甚至顯示，人在越感到焦慮的時候，儀式性的行為自然會增加以相抗衡[27]。

日常慣例流程和儀式也幫人省下對瑣事下決策的腦力，像是早餐要吃什麼，或是什麼時候要開始工作，因此就能更容易預備好精神狀態來拿出最佳表現。小說家古斯塔夫・福樓拜（Gustave Flaubert）寫道：「人生中維持規律和條理，作品中就能展現爆裂的原創力[28]。」

我和薩巴都是自成一格的習慣派人士。例如，我會盡早開始寫作，通常從早上五點半開始，然後寫到滿一千字或是中午鐘聲響起。薩巴把一週細分為創意發想階段和行動階段，並以伸展運動為每一天收尾，且事先安排好辦公時間，就能夠以系統性的方式專注於最重要的事情。

在排定日常慣例流程時，我建議參照卡爾．紐波特（Cal Newport）的提議，區分出「深層工作」及「淺層工作」，前者是會沉浸其中而創造最多價值的，後者則是乏味的程序任務，耗費較少心神且較無助於推動企劃、生活或是社會發展[29]。

太多人只發揮了一小部分的潛能，因為他們把時間切得太瑣碎而蒸發不見。相反地，我們應該要排出不被打斷的長時段，最適合好好學習、刻意練習和多方探索，以便系統性地熟習技藝，並把瑣碎的程序工作排在其他空檔。這樣就能事半功倍，並且確保好品質。

然而，還有個關鍵問題。要怎麼確認自己不是堅持做著錯的事情？畢竟，投注身心靈來追尋有瑕疵的構想不會帶來成功，且充滿熱情和自信時，很可能會痴迷於自己的構想而罔顧現實。對此，解決之道在於：要無止境地探究真相。

原則四：追求真相

無論在商業或是人生中，一定會遇到自己不懂的事、或是做出的假設出錯，且會出現新資訊推翻原先的規劃。想要好好應戰不確定性，那就必定要積極評估資訊是否精確，並不斷修正自己的信念，還有尋求多種觀點[30]。

因此，大師級投資人、創業家和其他成功迎戰不確定性的人士都有類似的美德：虛懷若谷、對世界抱持好奇心，並且終其一生致力於學習。他們也會採取多方資訊來下決策——一旦意識到這一點，我們也能主動去培養這些美德[31]。

另一項重要特質是主動開放心胸。如同我們在第二章所探討的，許多顛覆性的發明或是機會是在意外中發生的，或是來自於無人思索的場域。舉例來說，艾伯特．霍夫曼（Albert Hoffman）在一九三八年研究如何合成出促進血液循環的藥物，結果發現了迷幻藥ＬＳＤ（麥角二乙胺）。他在檢測樣本時發現不對勁，立刻騎單車返家，留下了一趟難忘回憶[32]。

史帝夫．賈伯斯（Steve Jobs）（很巧，他也有服用ＬＳＤ）一開始反對開發人員為 iPhone 做出專屬的應用程式，但受到說服而改變心意[33]。現在 App 商店每年帶來的商機高達五千一百九十億美元[34]。

如同以上例子所顯示，如果不開放心胸接納新穎和另類的構想，就可能錯過最大的機會。所以，必須要尋找能給予我們成果可貴評價的人，以挑戰自己的思維，並能接觸多元的新構想和觀點，還有從他們的心態或是價值觀獲得啟發。

多與對的人相處

社會傳染效果說來很神奇。光是多接觸某特定族群的人，或是浸身於某個文化或是環境當中，我們自然會把他們的常規和行為內化——我快十年前從英國鄉下移居到洛杉磯時親自體驗到這一點。

或許是晴朗的天氣讓我變得更陽光，或許是創意產業無孔不入的影響讓我受到耳濡目染。也或許，因為很多人來這裡追求夢想，所以我也開始更能放膽做夢。無論原因為何，我在這裡更感到樂觀和可能性。大家似乎比較不受拘束、更願意嘗試新事物，且有一種奔放的創業精神讓人容易一同參與其中。法蘭克．洛伊．萊特（Frank Lloyd Wright）曾經說過：「把世界往一側傾斜，所有鬆散的東西都會落到洛杉磯。」我認為這種多元性令人振奮[35]。

不過，不光只有地點，人也很重要。我搬到這裡時，除了另一半以外誰也不認識，不過很快就在創業途中交到朋友，也融入她的社交圈，裡頭的人多數從事娛樂業。我自然受到這群有創意的創業人行為、態度和能量的影響，也對於自己的未來展望有了細微但影響重大的轉變，讓我能在新環境中蓬勃發展。

多跟具備你想要的技能和心態的人相處，自己也就更容易得到這些技能和心態，而周遭的人願意給出誠實意見時，你也就更容易能追求真相。如果想取得更好的表現，加入優秀的團隊讓自己跟著提升到他們的水準[36]。你在不知不覺當中，就能變得更精熟——體認出你獨特的潛能和個性，並且能跨越所處環境中的不確定性。

原則五：精益求精

我和朋友珍恩（Jen）差不多同時期開始學衝浪，但很快就能看出我們走上不同的路。我喜歡衝浪，她則是擁有衝浪魂。

珍恩和我不同，天天都下水，無論情況如何，就算只能在午休時間抽出二十分鐘也一樣。沒有風浪時，她就練習划槳；如果遇到以前沒碰過的大浪，她就找到適合的地點在安全範圍內精進現有的技巧。她一心想著衝浪，也存錢去其他國家參加衝浪營，因此能試試不同的浪來磨練技巧。

她的鍥而不捨獲得報償，不久後就到了我伸手莫及的境界。她划得更快、乘浪更持久，且更常乘上大浪，在海中表現得明顯更自在。她在水上運動時也能體驗到更多樂趣和滿足感——這點從她臉上就可以看出。珍恩正在通往登峰造極的途中，並得到收穫。從旁見證這過程十分精彩。

精益求精是不斷進取的心態，不僅讓人表現出眾，也能加強可塑性，因此更能在不確定的情況下好好表現，無論是身處海上浪潮或是市場脈動皆是如此。但是，不要把追求精熟跟完美主義混為一談。事實上，比較這兩者能更清楚體認到精熟使人格局更寬廣，完美主義則使人心思耗竭。

完美主義注重的是結果，精熟則是個動態的過程。完美主義是受到恐懼和焦慮所驅使，讓人產品修改個沒完，而從沒真正上架。精益求精讓人能推出產品、學習和進步。事實上，精益求精綜合了我們目前探索的所有概念。

把目光放在過程而非結果時，就能把失敗視為學習機會。我們能放心犯錯並學取經驗、盡早蒐集意見回饋和多方摸索。不斷求取進步時，自然就會採用成長型心態而不是固定型心態。且把每天的事件視為更大總體的一小部分時，就更容易能向前邁進。進取心態自然而然使人保持好奇並虛心受教——精熟和追求真相的行為相輔相成，甚至讓人表現出獨特性並更內在導向。

羅伯特·格林（Robert Greene）在《精通》（*Mastery*）一書中說到，精熟一門學問有三個階段，第一是「學徒階段」，透過自主觀察、專注練習和摸索來學習技藝的基礎概念。接下來的「創意活躍階段」中，我們會結合獨特的人生經歷和性格，並開始實踐自己的構想。最後到了「精熟階段」，把技藝中的技能和知識深度內化，因此能變得像是反射動作。
於是就不再仰賴規則和公式，因為已經把直覺打磨成強力工具。可以看見一般人所看不見的關聯來觸類旁通，並直覺感受到一般人要耗費工夫刻意去解析的內容，並且依照自己的願景來重新打造該門學問[37]。
可見，經歷精熟的各階段時，我們會越來越內在導向，直到採用方法和工作表現自成一家——不是刻意為之，而是真實表達自身獨特的人格形象。這麼一來，精益求精整體而言能促進心態蛻變。然而，它也為如何充實人類短暫一生的這類煩惱，提供了另一個解答。
我相信人因為演化的緣故，會對精熟的過程感到極有樂趣和意義感。人在發現能真正引發自己興致的事情（格林稱之為喚醒人生使命），進行活動本身便成為報酬[38]。我們能更專注，並且因為專心起來所以眼前的道路變得清晰。達成並擴展自己的潛能，同時克服過程中的重重難關，帶來一段令人大感舒暢的自我探索過程，並加強自信和決心。隨著知識增加，我們在技藝的境界也會提升。結果形成不斷進展的良性循環。如果人生的意義就是賦予生活意義，那麼精益求精便可達此目的。[39]

不過，為什麼演化的傳承會鼓勵這種行為？除了能力出眾可以增加魅力和社會地位這種明顯可見的影響之外，還因為全人類能從勞動中獲利。社會需要那些致力於追求精熟的人來解決最迫切的問題、製造出機會並且用創意成果來提升文化。從這角度來看，追求精熟不是自私的行為，而是我們給予世界的饋贈——能夠為社會福祉做出貢獻並挹注社會資本，這也是下一章要談的主題。

本章摘要

- 想要在充滿不確定性的世界中好好發展，必須主動修習五道心法：平常心看待失敗、抱持成長型心態、堅持到底、一心追求真相，以及精益求精。
- 想要完整發揮潛能，就不得不承擔風險，而只要有風險，事情就有出錯的可能性。不計代價避免失敗會限縮成功的規模。

- 人在學習中成長，且要邊做邊學。為了成功就必須要採取行動。
- 開始一項新活動時會遇到「靜摩擦力」，把目光放在整段歷程的下一步，便能克服這股力量。
- 在判斷是否要進行某個行動時，要問問自己最重要的問題：「壞處是什麼？」
- 抱持成長型心態相當重要，即相信基本特質或能力可以改變和成長。
- 我們必須要能虛心受教。向專家學習讓人能以更短時間習得成功所需的知識和技能。
- 辨別清楚被批評的是自己的人格或是工作表現，有助於管好自尊心並好好接受他人的意見回饋。
- 毅力是個關鍵。企劃配合上自己的熱忱和志趣時，就能夠變得更堅持。
- 盡可能變得內在導向。個人獨特的志趣、個性和性情是無可取代的資產。
- 想要改變行為，首先要決定自己想當哪種人，接著正確的行為就會自動跟進。

- 預期有時會事與願違，讓你能更輕鬆應對逆境。
- 遵從日常的慣例流程讓人走在正軌上，並且能抗衡世間的不確定性。
- 投注心力追尋有瑕疵的構想不會帶來成功。我們必須無止境地探究真相、評估資訊是否精確、不斷修正自己的信念，以及尋求多種觀點，接著加以調整規劃。
- 多跟具備你想要的技能和心態的人相處，自己也就更容易得到這些技能和心態，且會跟著提升到常接觸的對象的水準。
- 精益求精整體而言能促進心態蛻變，並同時帶來嘉惠於個人和社會的使命感。

第四章

社會資本——在不可預測世界獲取機會的基礎

每個成功故事都分兩段：第一段是大家經歷起起落落終於贏得戰果；第二段是參與者當初怎麼齊聚一堂，沒有他們就沒有前一段的事。

像這樣的第二段故事發生在馬克斯·萊夫琴（Max Levchin）身上，他寄居在帕洛奧圖（Palo Alto）朋友家，因為無聊所以在某個炎炎夏日去聽史丹佛「某個名叫彼得的人」發表的演說。總共只有六個人頂著暑氣去參加，所以馬克思和講者後來聊了一會，並約好一起吃頓早餐。這就是馬克思認識彼得·提爾（Peter Thiel）的經過。他們兩人一同創立了 PayPal[1]。

想想任何重要事件，像是你怎麼認識另一半、贏得最大的客戶、跟夥伴共同創業或是獲得現在的職位，其中幾乎都有巧合的成分在。道理很簡單：互動越多，以及互動對象越多，就越可能會遇到這類機會。

這就是為什麼皮克斯園區精心設計出一個大型中庭，鼓勵讓員工多見面、聚首閒聊，可能因此迸發出新點子和合作機會[2]。比起忽視或看輕巧遇的作用，這間製片商做的是去多多促成。想要拉升成功的機率，就應該仿效這點。

就算只是付出點努力去多接觸一些人也會有驚人的回報，因為大家只差幾步就能與地球上的其他任何人牽上線。聽起來難以相信，人類的關係符合所謂「小世界網路」的數學模型，無論距離有多遠，幾步驟之間就能讓任何節點連起來。因此有「六度分離」的概念，也就是只要在社交關係上連線六次，就能與任何一人連上線[3]。

即便如此，如果在相遇時沒有拿出好表現，或是沒有好好經營人際關係和名聲，那遇到再多人也沒有用處。英國哲學家約翰．彌爾（J. S. Mill）說道：「交易是個社交行為[4]。」做生意背後的演化原理，套在其他生活層面也決定了關係的成敗。因此理解這些社交本能是重要的第一步。

社交本能

從過去的多數時期來看，人類以小群落進行採集和狩獵的型態生活。唯一的生存方式就是與其他人合作，且會經常與陌生人打交道。

需要團隊合作和未來很有機會碰面的這兩個因子，形塑出社交本能[5]。我們不僅成為高度社會化的物種，且是會長期經營好人際關係的那一型。綜合考量這些本能，包含天生會合作的傾向加上長期展望，許多看似不合邏輯或白費功夫的行為就有了完美的解釋。

以利他主義為例。為什麼我們要做出得不到明顯回報嘉惠他人的行為？根據演化生物學家羅伯特．泰弗士的說法，利他其實是一種長期下來能發揮效果的合作方式[6]。原始人幫助陌生人其實很合理，因為他們可能會在未來再度相遇，且在有需要時能獲得幫助。這種利他的意念留傳了下來，如果陌生人在街上問路，我們在可以的情況下就會停下腳步幫個忙，就算對自己沒有好處。

久而久之，人演化出情感報酬和懲戒機制，讓這樣的社交行為成為本能的一環。與他人互動是帶來樂趣的最大泉源，幫助人類同伴讓人感覺良好，這是用來激勵合作行為的本能[7]。同樣道理，做出反社會行為或看見他人有反社會行為時，多數人會感到不愉快。如果欺騙他人，就會產生罪惡、懊悔或是羞愧感，受到不公平對待時也會感到憤怒[8]。但為什麼這種講求正義的特質會有優勢？原因在於能夠促進信任。

從部落獵捕野牛到經營跨國企業，任何形式的合作都要在互相信任的前提下才有可能發生，且不只是了解並敬重對方的雙方而已，也包含金錢體制以及企業或是銀行的機構。信任不僅促進合作，也決定了合作的效率——越能彼此信任，就越不需要以防萬一。但還是會有挑戰存在，像是開始合作之前要怎麼判斷對方信不信得過？當然要看對方的名聲，不過自然界也發展出另一個機制：代價訊號。

■代價訊號

我們花費超乎尋常的時間和心力，傳遞訊號給潛在伴侶、客戶或是完全陌生的人，表現出自己是哪種人、身處於哪個社會階層，以及抱持的意向為何。問題是傳遞出的訊號可能會造假，從稍作誇示到完全扯謊都有。為了克服這個挑戰，很多物種經過演化後更會去信任那些承擔了代價的傳遞者。例如，公鹿長出笨重的角來展現身強體健，孔雀開屏大現羽毛也是為了達到同樣目的。

這一種訊號傳遞（又稱為「累贅原則」）指出了各式各樣的人類行為，且通常都是自發產生的。[9]譬如，對鏡頭微笑時通常會傾斜頭部，因此露出脖子。露出身體脆弱的部分時，我們用代價訊號表現出自己友善而不帶威脅。同樣地，我們輕鬆與人相處時，瞳孔會散開，這會限縮視野，讓人更可能露出弱點，這也是一種代價訊號。

人際關係中也適用同一套原則。我們要怎麼考驗與他人之間情誼的深淺？那就是讓他們承擔代價並觀察對方的反應[10]。例如，擁抱人時，我們侵入對方個人空間並限縮他的活動範圍。我們有時候也會調侃或嘲笑親近好友——換成陌生人則無法忍受。有個朋友跟我見面時都會大力拍我的背，讓我納悶脊椎這樣居然還不會斷掉，但我還是任由他這麼做。以上情況中，施加和接受這些代價時，在在表現出情誼的深厚。

代價訊號也不侷限於直接的互動。例如，在食物稀少的地區，肥胖是種展現財力的代價訊號。在食物豐厚的國家，這種訊號作用不佳，反而身材緊實才是代價訊號，表示自律且能好好照顧自己的身心健康。

代價訊號也適用於商場之中。廣告能發揮效果，一大部分就是「因為昂貴」：如果一間公司願意砸大錢推銷產品或是服務，就向潛在顧客傳遞出東西品質一定很好的訊號[11]。表現出願意承擔風險也有同樣的作用：願意花錢的創業家會表現出致力投入的誠意。

對顧客而言，我們喜歡簡單好用的服務，但如果供應起來要付出高昂代價或是心力會更讓我們珍惜，所以我們會喜愛對細節的講究和貼心服務。說到通訊方式，越昂貴和費勁，我們就會認為價值更高。要對同事表達你的謝意時，可以給手寫信函或是寄電子郵件，兩種傳遞的內容相同，但手寫的更打動人心。

不過，雖然這些行為符合直覺，而在做的時候就像是啟動自動導航一般，交由身體自行處理就好，但面對職場壓力時，難以盡可能好好運作並達成短期可預見並衡量的成果。在不談效率且要靠緣分並長期投入的社交圈中，想要達成這些標準的話，做出的行為會減損建立和經營好關係的能力，在不知不覺中讓機會從源頭開始流失。

建立社會資本

所幸，不用太複雜就能夠回歸到本能，並用自然的方式來建立和經營好關係——符合演化傳承作法、能妥善運用巧合，並迎向更多機會。遵守幾項務實原則就能讓你無往不利。

■ 當人生的主人而不當陪客

在加強人脈、提升人際關係和增加機會的數量，最重要的一道原則就是：「當人生的主人而不當陪客」。

想像你是一場盛大宴會牆上的蒼蠅，正在觀察完美主人的表現。你看見他謹慎地在會場中穿梭，確保每個人都感到賓至如歸，並滿足他們的一切所需。他倒給貝斯蘇格蘭威士忌，幫比爾弄杯馬丁尼，調配方式都投其所好。你也注意到他特意邀請了能幫到彼此的人互相認識，並且還去幫忙引薦。鮑勃剛來到城鎮，所以主人把他介紹給住在同一鄰里的布蘭達認識。

你也會注意到，主人很慷慨付出時間和心力，真心佩服著布萊恩描述他考慮購入的不同種閣樓保溫裝置。還有在堅持大家空手來就好後，收到了小小的感謝禮時滿心感激地驚呼道：「不用那麼客氣啦！」好似拿到的是一顆精雕彩蛋，而不只是一盒巧克力。

從以上片段可看出主人心態的基本特質：真心想要助人而不求回報、關注個別需求、讓大家感到歸屬感和受到重視、慷慨大方，並且幫忙牽線認識貴人。把這些守則套用到商場關係中，不論是對顧客、供應商、同事或任何人，包準不會出錯。

人脈的價值會隨著你認識和介紹更多人後累積起來。助人的回報可能事先都看不出來，因為主人精心的安排不是求取一來一往，但人的天性是會投桃報李，會回應他人的誠意，並且支持為自己創造價值的人[12]。事實上，當個好主人就能讓你的企業成果不同凡響。

舉個例子，安進生化製藥公司（Amgen）和芝加哥一名生物化學家尤金・戈德瓦瑟（Eugene Goldwasser）之間從小小的款待舉動獲得了回報。安進當時情況慘淡，他們早期的產品構想失敗，且在製造刺激紅血球生長的藥物企劃案中面臨激烈競爭。他們將唯一希望寄託在尤金身上，尤金研究這個問題二十年，並握有成功的關鍵：從二千五百公升人類尿液所提煉出來的一小劑蛋白質，內含製造該藥物的密碼。不過，當時安進的勁敵也在爭取尤金的青睞。

百健（Biogen）的執行長在吃晚餐時不幫忙買帳，於是尤金便下了決定。結果製造出的藥物紅血球生成素（EPO），讓安進在巔峰時期整年能賺進一百億美元，這個成果是包含尤金在內所有相關人士都始料未及的[13]。

既然我們不知道在這世間人際關係會帶來什麼影響，當個好主人很有用。不過，人往往也會有作客的時候。其他人會替我們介紹給其他人，或是我們要自己初次自我介紹。這時候，展現自我的方式也同樣重要。

■好好介紹自己

為什麼公司要提升產品知名度？很簡單，如果不知道某個產品存在或它們有什麼作用，就不會去購買；而且產品或服務的知名度越高，就能觸及越多潛在客戶。同樣狀況也適用於透過親近的人脈創造機會，其他人要先知道我們的目標、志趣或是專業範圍，才能夠想像未來與我們合作或是幫忙引薦。隨著了解我們目標和接觸我們的人數增加，也更有可能產生巧合的結果。

創業家兼軟體開發者傑森・羅伯茲（Jason Roberts）提出「幸運表面積」的概念精彩演繹了這個想法：「人生中發生的巧合，即幸運表面積，與你對某事的熱情加上總共有效傳達給多少人有直接相關。」他表示：「你越投入並讓越多人知道，你的幸運表面積就會越大[14]。」

注意看羅伯茲提到要傳達的是熱情，而不是專業，大家很容易忽視這一點。我們對彼此的了解越深，便越可能找出共同興趣；而我們越對某個主題抱持熱忱，就越能以這份興致打動他人。實際上，許多人際關係來自於共同的個人興趣，然後發展成專業相關的機會。

有了這點認知後，想要增加湊巧結果的一種簡單方式，是在多多向世界展現自己之餘，要提到自己的熱情、興趣或愛好，還有工作職務，尤其在自我介紹時需要這麼做[15]。用個簡單範例說明其中好處，假設有人問我：「你從事哪方面的事？」標準的回覆是「我經營一間設計顧問公司」或是「我在一間創投基金公司擔任合夥人」。不過，除非對方對設計或是創投有興趣，不然沒什麼好聊的。

如果我再進一步，就能大幅增加找出共同興趣的機會。自我介紹當中，我可以說：「我跟死黨一起經營設計顧問公司，還有在洛杉磯的一間創投基金公司擔任合夥人。我也正在寫第三本書，同時排出時間從事愛好活動。我今年開始組裝摩托車，目前帶來很多樂趣和挑戰。」這樣一來，我就開啟更多條對話的通道。

我也不知道哪些部份會挑起對方的興致，對方可能有意知道跟朋友共同經營企業是什麼體驗、可能對我之前的著作有興趣或是自己正在考慮寫書，也可能喜歡摩托車，或是雖然沒有喜歡、但好奇我為什麼想要組一輛。他們可能會接續我提到的愛好話題、跟我一樣喜歡蒐集威士忌，或是喜愛古典音樂和攝影，又或是對跑步和衝浪有興趣。布下更大張的網，就更可能延續話題，也更可能給人深刻印象。

■給人深刻印象

如果你希望其他人在有工作職缺或其他機會時會想到你，或是在初次見面後繼續細談，就必須要留下深刻的印象。所以，在外表打扮和結識方式上要能夠表現傑出而令人感到深刻。

就如同品牌在建立可識別資產（立刻讓人聯想起來的顏色、形狀、商標或甚至聲音），我們可以調整外表打扮來從人群中突出。這不表示必須要穿扮成艾爾頓．約翰（Elton John）那樣。配戴大方的首飾、小有特色的眼鏡，或甚至彩色鞋帶都可能引發注意而不顯得礙眼。例如，賈柏斯的制服裝扮獨特而不誇張：圓眼鏡、藍色牛仔褲，搭配高領衫和 New Balance 休閒鞋。但如果要抓住人心，個性是最大的資產。

幾年前我參加劇作家大衛・弗里曼（David Freeman）的一場講座，他提出精彩的理論，表示最打動人心的電影角色、品牌和產品都有一種動態張力，他稱之為「反差」（skewed opposites）——結合了不會自然而然聯想在一起的特質，讓人受到吸引。像是熱門影集《絕命毒師》（*Breaking Bad*）的華特・懷特（Walter White），從化學教師變身成為毒梟。這個角色如此鮮明，一大部分原因是因我們不容易把擔任中學教師而個性溫吞的顧家男子，與心狠手辣的製毒帝王聯想在一起。

另一個類似例子是販售電視機的丹麥影音器材公司 Bang & Olufsen，結合了日耳曼冷傲美學（玻璃、金屬和尖角）和活潑的互動介面，也是強力的反差作法。還有，Google 鬧騰的氛圍與其對大眾生活舉足輕重的影響力，以及巴菲特的鉅富與和藹可親且低調的形象，在我眼裡看來都是對比。

我常常對這個理論反思，因為我認識的所有人或多或少都有某些反差感。

我有個朋友常在小咖啡廳戶外坐著埋頭讀高深的文學，這點本身沒什麼異常；不過他是坐在拉風的重機上閱讀，這點便使人出乎意料。另一個朋友很投入動物權社會運動，是個素食主義者，閒暇時間會去禮佛，但她會抽菸且在右派的智庫工作。

這些對比強烈、看似不協調的特質是人類天性的一部分。不過，很多人沒有意識到或是反而去扼殺這些特質，好讓自己顯得比較「正常」或是要合群。這也是人之常情，畢竟做自己需要勇氣，但壓抑自己的獨特性往往讓他人覺得自己較乏味。有點個性會很吃香。

但就算真的找出了共同點、跟人志趣相投，又或是機會出現，也不能光靠其他人起頭，而是要多主動。

你先請

無論是談論艱難的議題、提議出來喝杯咖啡、發起新的投資案，又或是其他任何涉及不確定性的事物，一般人通常較習慣響應他人而非自己主動。他們想要參與，卻等著其他人先行動。回想我如何獲得至交和商業往來關係，通常都是由我開頭，像是提議聚一聚並確實約出來，而不是什麼都沒有做，或是交換完聯繫方式後希望對方主動聯絡。事實上，想到當初我如果只是守株待兔而錯失很棒的交際關係，就讓我心驚膽戰。

我們身處於喧鬧的世界，有很多事情競相爭取我們的注意力和能分配到的時間，所以很容易忘記人還有也被人忘記。沒看見就就不容易留在腦海中，所以不能假定其他人會自己跟上來。因此，我們要自己多多主動。初次相約可能毫無斬獲，但到後來你們可能會合寫一本書、成為企業夥伴、親近好友或以上皆是——要知道的方法只有一個。放大來看，主動也是社交鐵律中的一環。在建立關係方面，有所投入才能有所收穫。

■傳遞善意

若說我從那些不僅成功，且既成功又快樂的人身上觀察到什麼特質，那就是他們樂於助人。他們不會當人生中的陪客，老是愛問：「這樣我有什麼好處？」或是希望行動能立即見效。他們真誠地想要實際幫助到人，無論是否能看到回報。

例如，我想到一個朋友總是在為他人做事。最近我參加一場派對，慶祝他擔任牙醫師職業滿四十個年頭，很驚訝地發現有多少人到場祝福。我們送的酒、高爾夫球設備等等禮物，在他們的客廳幾乎都要擺不下了。而且他是牙醫，這可不是人見人愛的身分。我也想到企業夥伴班恩和太太梅根，他們的情況也如出一轍。人都是這樣，有往就有來。

至於其他有利的道義和德行，互惠是一種本能——人往往對幫助自己的人心存感激，並對佔便宜的人心懷怨恨，因為這樣能穩定和強化群體[16]。願意互惠互利時，部落中的每個人都能受益於大家的福氣和強項，來補足自己的弱點或是倒楣運。

舉例來說，如果部落中有兩個狩獵小組，每次只有其中一組能成功，那麼一起分享戰利品好過於半個部落餓肚子，或是放任沒狩獵的人活活餓死。在背後運作的互惠本能促進專業分工和互利交易，讓社會得以繁榮。

傳遞善意不僅能促成互利，也是一種展現好體格、資源豐厚、具備專業或是目標堅定的代價訊號——都能夠提升名聲和對同伴的吸引力（包含情場、事業等方面）。

以我的企業為例，我們通常與自由工作者和獨立承包商合作，請他們提供工作成果或是專業能力。我們的政策不同於眾多經紀或顧問公司，而是會在收到請款單當天就付款。從金流的觀點來看，等到標準的三十日期限到再付，又或是用壓榨方式要對方接受六十日才支付的條款好像都對我們自己更有利。然而，從社會資本的觀點來看，這麼做的好處相當大。成效會反映在他們的工作表現上，他們會更盡一份心來幫助我們的客戶、樂於把我們的品牌推薦給其他人，且在其他人也給出工作邀約時選擇我們。反過來說，如果你盡可能拿出最佳表現，結果要領錢時卻被隨便呼嚨，最容易心生不滿。不過，要做的也不是什麼天花亂墜的待遇，小小的舉動和多用點心就足夠了。

■注重細節

幾年前我去哥本哈根找家人時，預約了當地的髮型設計師來快速修剪。因為我頭都禿了，只要稍微推一下看起來乾淨整潔就好，所以照理說設計師很難做出什麼事情讓我感到驚豔。不過，這名丹麥設計師給了我在其他地方沒體驗過的貼心服務。

通常來說，設計師會先取下我的眼鏡，修剪我所剩無幾的頭髮，然後把眼鏡還給我，好讓我欣賞他刀下的傑作。不過，這次在頭髮剪好後，設計師拿出一小塊布和噴瓶，幫我把鏡片擦拭一番。他笑容可掬地還給我時說：「我想確保一切都很完美。」

從小地方展現出對細節的講究有特別強力的效果，首先是因為能強化對於價值的感受——提升我們對於產品、服務、品牌或接洽的人的評價。第二，因為我們容易關注意料外的事，所以會更難忘和特別。第三，這表現出我們重視這段關係，因而加深信任感。最後，從商業的角度來看，這樣能有四兩撥千金的效果——代價極細微，報酬卻是相當可觀。

一旦養成這種習慣，就會察覺機會無處不在。例如，把提案交給客戶時，在封面上加註估計需要閱讀的時間長度，這種小細節能表現出考慮周到，也常會讓人提出回應。要是我讀到一本書，覺得客戶或朋友可能會喜歡，我就也寄給他們一本。要是我很感謝某個人在企劃所做的成果，就會寫個感謝函。以上都不是什麼特別聰明或大不了的事，事實上，我的父母會說這些是「基本禮數」，這個主題也值得多加探討。

■鼓起勇氣

過去與其他公司往來最慘痛的經歷，讓我們銘記在心無論做什麼事，最容易忽略掉的就是基本事項。我想到我的銀行，他們絕對花了數百萬美元投資機器學習、人工智慧和其他誘人的事物，但在像是線上轉帳或是開戶這些每天的例行公事上，難度卻從摺張方正的床單，到要把直升機停在移動的船艦上都有。

培養交情也是同樣的情況。大家能在交際活動中侃侃而談，或是在社群媒體上獲得眾多追蹤者，卻忘了要說請、謝謝的基本禮節——我多年來擔任專題講者都會做好這一點。

大家都明白，有頭有臉的講者出席活動能獲取豐厚的報酬。就算沒那麼賺，假設上台演說一小段時間能拿到兩千美元，在觀眾不得不聽你巴拉巴拉講自己的豐功偉業時，收取的時薪能換算成其他人一整個月的薪水。簡單來說，這是很優厚的待遇，所以一般人會以為他們會心懷感激能有這麼好的機會，其實不然。

事實上，收費越高，越沒有感恩的心。還有，最諷刺的是，整場下來可能只有我會給主辦人員感謝卡或禮物，就算會議主題是在講顧客體驗。我覺得這太過荒謬，於是開始會動點手腳來針對這一點表態。

大家在等候室預備上台演說時，某一刻籌辦單位的技術團隊人員會過來幫我們接麥克風，引導我們到後台位置。輪到我的時候，我會拿出一盒布朗尼給他，並說：「非常感謝安排這麼精彩的活動，能否請您幫我分給團隊的大家呢？」聽聞有講者身體力行時，室內的大師們不免感到慚愧。

我鼓勵你也找機會做類似的事情。像是其他多數講究細節的例子，這樣的禮節或是答謝方式是小事一樁，但往往效益無窮——能再度獲邀演講的報酬率達數千倍，或是顧問公司的合作案源源不絕的效益又更大。這裡的一個重點是：一定要把每段關係當作長期投資。

■把每段關係當作長期投資

多年前，我跟另一名講者在機場共乘計程車到活動會場。我們聊到演講內容，很快便發現內容出奇地相似。到達飯店時，我提議晚點碰個面來細部比較內容。這樣能確保好好傳遞理念，但也不會重複太多。還好有這麼做。演講內容比原先預想地還要雷同，所以我主動提出要多改動我的演講，讓大家都好。

四年過後，我突然之間接到一名愛爾蘭的潛在顧客聯繫，提出想為新發起的一項投資案做大型的設計企劃。之前那個同行講者是他們的顧問，引薦了我們公司，他還記得我們先前的萍水相逢。這不是單一事件。同事或前客戶在無聲無息幾年後，突然之間因為有合作的機會而冒了出來也不是罕見的事。

言歸正傳，未來於本質上是無可預知的，我們不能預測其他人會有什麼發展，或什麼時候會因此帶來機會。有可能是十年之後，又或是更久，也說不定明天就到來。因此，最合理的作法，就是把每段關係當作是長期投資。事實上，在管理關係方面，最嚴重的大忌就是以短期獲利來衡量人，並把他們當作是踏板來踩。這種策略大家一看就會知道。除了沒人想要被當作飯票以外，還會顯得你情況窘迫。

我剛出社會在一家管理顧問公司服務時，遇到一個自我中心到眾人皆知的難忘人物。他會欺負後輩，犧牲其他人來把工時納入自己的口袋，而且請同事幫忙或是互相合作時都搶盡功勞。幾年後，他到一家規模大許多的公司應徵一個好職位，結果發現坐在對面的就是前同事。

想當然耳，他沒有錄取。要是他當初長遠來看待往來關係，而且當個主人而非陪客，狀況可能就不同了。不過，就算情況反過來，我們被人辜負、惹怒或是浪費時間，也要克制住不要去教訓對方、厲聲飆罵或是搞壞關係。為什麼呢？因為不僅往來關係是長期的投資，名聲也一樣。

■捍衛自己的名聲

成長緩慢而崩壞迅速的情況少有例外。數十年間累積的財富可能一夕之間付諸流水，我們花了好幾年才成為成熟的大人，但衰頹可能一瞬間就發生。長年細心培養出的名聲，可能因為一時判斷不慎而毀於一旦。

你的名聲就像是社會資本的銀行戶頭。不過，銀行保護錢財固若金湯，你的名聲卻可能會像是玻璃一樣碎裂且無法重建。要是時機不對時出紕漏，就可能斷送掉好好的職涯，尤其是在這個社群媒體時代，消息傳送比過去更迅速而無遠弗屆。也就是說，你一定要像對待先前所說的精雕彩蛋般，呵護好這個脆弱而珍貴的資產。

實際而言要怎麼做到？第一條原則很簡單：如果為了保全名聲，某件事情做起來會不可告人，那麼打從一開始就不該去做。

來看看這個例子，喬納・雷勒（Jonah Lehrer）糟蹋了自己的才能。他獲頒羅德獎學金（Rhodes Scholar），在哥羅比亞大學修習神經科學。他寫了一本優秀的心理學書籍《決策原理》（*How We Decide*）還有另外兩本暢銷書。他的文章刊登上《紐約客》（*The New Yorker*），且是個負有盛名的專題講師。他才三十出頭，就已經站上世界之巔。寫第三本書《開啟你立刻就能活用的想像力》（*Imagine: How Creativity Works*）時，他卻自己編造了幾句對巴布・狄倫（Bob Dylan）的引述、抄襲另一名作者的內容，並不斷說謊掩蓋自己的偏差行徑[17]。

欺瞞情事曝光時，他的職涯也就玩完了。他兩本著作都被下架。《紐約客》和 Wire.com 也和他切割關係，新著作《愛的物語》（*A Book About Love*）受人猛烈抨擊，因為不誠實且懶惰而被緊咬不放[18]。真是可惜了這麼傑出的人才，也可從這次的教訓中看出再聰明而成功的人，也可能一夕之間名聲掃地。為了避免捲入這種危機，要問問自己：我希望其他人知道這件事嗎？不希望的話，就要就此打住。

另外要記住一個原則，這是從我自己的顧客體驗和相關寫作經驗得到的心得，那就是要準確設立和達成期望[19]。他人期望會決定他們對於產品、服務或互動過程所認定的品質，我們卻很少謹慎顧好這些期望，因此很容易會遇到問題而玷污自己的名聲，想想這其實有多麼可想而知便易感到瞠目結舌。

例如，對於一個有規模的組織來說，很容易因為期望問題而使人不滿。廣告的聲明可能並不合理，產品特徵或說明可能誤導人或是不同於使用者的想像，品牌承諾和實況之間的落差也可能讓顧客心懷不滿。不過，基本上確保能設定好期望並在與顧客的互動中確實達成，並不是單一個人的職責。每個部門所想的不一，結果大家都會遭殃。

同樣道理也適用於小型企業和個人關係。下筆寫本書時，我正在等一張沙發送過來。業主告知會給出具體時程，但卻沒做到——設好了期望卻沒有達成。他已經被排除於我心中重視的「可靠而值得信任」清單之外，名聲已受到動搖。

期望問題四處存在，可能是最開始沒有設好期望，也可能是設好期望卻沒能達成——因此只要說到做到，並且萬一有變卦時盡早重新設立期望，那麼你就已經贏過對手一半了。企業最基本的就是要有可靠和值得信任的好名聲，而這只要有事先考慮好就能辦到。問問自己：「我有設下明確的期望嗎？我有說到做到嗎？有沒有告知相關人士足夠資訊？我需不需要重新設立期望？」

以我自己的企業為例，我們通常最先會問問客戶：「你對我們有什麼期望？」答案一般都是他們也不知道，或是他們知道但跟我們想得差很多。光是問出這個問題，就能區別出將獲得一場可貴而滿意的合作，或是落得失望的下場。

如此管控好期望其實幾乎算是常識，但你個人生活中的經驗可能印證這並不是實際的常態。我們過去在幫助企業提升顧客體驗的十年間，在在顯示出做好期望管理是讓各方滿意最快速、方便，且成本低廉的方式。靠一張嘴有時候很管用。

■抱持開放心態

人生在世，難免會在辦事時固執己見而盲目，等著要發表高見，卻忘記好好傾聽對方想說什麼。或是，只把目光放在能在此時此刻給我們好處的人身上。儘管在打好關係方面必定要懂得手腕和布局，但不只有自己的時間精力寶貴，其他人也一樣——只要對於機會抱持開放態度，就能大幅提升湊巧事件的可能性。

談到這個主題，不得不反思我這輩子最意義非凡且收穫豐厚的關係從何而來。我想到，如果少回一通電話、少問一個問題，少了一段介紹或是共享的志趣，我的際遇會有多麼不同。回溯人生這一路蜿蜒的道路，清楚看見因自己抱持開放態度並採取行動，因此才能求得種種緣分和巧遇。我們永遠不會知道哪些人會進入自己的生活圈，或是一段關係的後續會如何發展。唯一能見真章的方式，就是對機會抱持開放態度。

十年前，我去找一個在阿富汗服役後返鄉同窗老友，結果我跟他弟弟熱烈討論起一個晦澀的心理學理論。我說明因為打算寫一本有關優質顧客體驗背後基礎的書，而在查資料的過程中看到該理論。

萬萬沒想到，他正在倫敦一名頂尖文學經紀人身旁實習，他問我有沒有針對寫書的構想寫出大綱。有的話，他可以直接交到他老闆的辦公桌上，讓我獲得千分之一的受審機會。我承認我沒有寫，但可以去寫一份。他建議我動作要快，因為他再實習一週就要離開了，於是我就照做了。我當晚開始寫大綱，還沒完成之前幾乎不敢停下來喘氣。

不出預期，因為預備起來太臨時，大綱寫得糟透了。結構一團亂、構想紊亂，用詞也不優美。不過這都無所謂，我還是拿出成品並與經紀人會談。他給了一些修改建議，並說保持聯絡，這就是我第一本書的來歷。接下來十年間，這名經紀人成功出版了《網格策略》和你正在閱讀的這本書。

這個情況就是，如果當初沒在跟好友弟弟喝茶時脫口說出寫作的抱負，人生恐怕會很不同，讓我想到就覺得可怕。我有可能沒寫下書作大綱、請不動經紀人幫我引薦（因為沒達到他的標準）或是取得出版機會。沒有獲得修改建議的話，這本書可能會泡湯，而我大概就不會從為了寫作做背景調查的數百本書中獲取知識。

這個故事具體演示了本章所提的多個概念，改變人生的機會可能來自於廣為分享自己的目標、對機會抱持開放態度、多多主動，以及經營好長期關係。不過，在這段經歷中不可小看了書作大綱和文學經紀人在其中扮演的角色。機會是一回事，結果是另一回事。把前者變成後者的神奇過程，需要精熟另一項技能才得以成功應戰充滿不確定的世界：銷售，也就是下一章將探討的主題。

本章摘要

- 巧合在人生最意義非凡的事件中佔了重要地位。
- 互動越多，以及互動對象越多，就越可能會遇到機會。
- 做生意背後的演化原理，套在其他生活層面也決定了關係的成敗。
- 需要團隊合作和未來很有機會碰面的這兩個因子，形塑出社交本能。
- 人類發展出本能式的情感反應，會將人導向促進信任感的道義和德行。
- 包含人類在內的各物種經過演化後，更會去信任有承擔代價的傳遞者，這現象稱為「代價訊號」。
- 在經營關係、加深信任和改善溝通方面，越講求效率，效果就會越差。
- 累積社會資本的最高準則，是要當人生的主人而不當陪客。
- 主人心態的基本特質包含：真心想要助人而不求回報、關注個別需求、讓大家感到歸屬感和受到重視、慷慨大方，並且幫忙牽線認識貴人。
- 想要增加湊巧結果的一種簡單方式，是在自我介紹時要提到自己的熱情、興趣或愛好，還有工作職務。這麼做能增加找出共同點的機會，進而開啟更有深度的對話。

- 有特色和給人深刻印象有助於建立社會資本。
- 每個人都有對比強烈而看似不協調的傾向，稱為「反差」，可以讓人更有意思，應該要好好擁抱這些傾向。
- 不能假定有了有趣的初識經歷後，對方就會繼續聯繫我們，而是要自己多多主動。
- 傳遞善意——人生中最有成就的是「給予者」，而非「拿取者」。
- 從小地方展現出對細節的講究有特別強力的效果，能強化對於價值的感受，使我們在他人眼中更難忘和特別，並能加深信任感。
- 基本禮節和答謝的舉動極為重要。
- 把每段關係都當作是長期投資。
- 名聲是脆弱而寶貴的資產，要好好呵護。某件事情做起來不可告人就不該去做。

・為了建立可靠並值得信賴的好名聲，要謹慎管理好期望。

・與人往來時要抱持開放的精神——這樣做只有好處沒有壞處！

第五章

銷售——將機會導向成果

我總覺得難以理解為什麼教育體制這麼不注重實務技能和知識。譬如，在校期間我學了牛軛湖（oxbow）怎麼形成，也學了西元一二一五年約翰王（King John）同意《大憲章》（*Magna Carta*），卻沒學過基礎的理財技能或是均衡飲食的搭配。

後來，我在商學院學了如何做出SWOT分析（優勢／弱點／機會／威脅）和如何計算債券殖利率。但我畢業後開始成立自己的企業時，卻很驚訝所學內容多麼派不上用場。我完全不懂基本的行政程序或是稅務，訂購單和收帳單也讓我一頭霧水。更糟的是，我沒學到半點銷售方法。

廣義而言，銷售過程包含辨識出某個人的問題或需求、判別出最有用的解決方案以呈現給該對象，以及讓他答應採取某個行動。這就是用來找出機會並加以把握的方法，因此對於各行各業的人來說都是重要的能力。

應徵工作時，要把自己推銷給雇主，然後商議福利。擔任創意人員，要把自己的發明和構想推銷給客戶和同事。無論是要成立新創公司，或是在成功企業擔任執行長，都必須要把自己的理念推銷給投資人、團隊成員以及顧客。

以上各種情境（和其他任何銷售情境）有三個共同點。首先，都屬於或然率的性質。無論你能力高低、願景為何和實力多堅強，銷售都是個拚數量遊戲。不是應徵任何工作都能被錄取，或都能講定互惠雙方的條件。不是所有投資人都會屬意你的理念，有可能不符合他的產品投資組合或是專攻領域，而構想越是大膽，就會受到越多質疑。就算你提供多麼強檔內容，也不是每個潛在顧客都會買帳，而原因不在你的掌控範圍之內：採購政策、換合作對象必要開銷、預算限制、政治決策，又或者單純是時間點不對，什麼情況都有。不管你銷售的是某種技能、構想或是產品，你實際上把潛在機會投入漏斗裡頭，而只有某些會在過濾後成功留存下來。

第二，決定最終結果時，總會有未知或甚至無法得知的因素帶來影響。例如，我們常常以為自己了解他人的需求，其實並非如此（或是了解得不完全）。總會遇到資深企業顧問米克・扣普（Mick Cope）所描述的「表面議題」（大家公開分享和討論的主題）和「深藏議題」（大家想要保密的動機、想法或感受）[1]。如同我在第一章所提出的，你必定會獲取不完善的資訊而在事情進展過程增添不確定性。

不過還有第三點。如同其他任何講求機運成分的事情，只要能應對好其中蘊藏的不確定性並採取妥善行動，就能夠提升成功率。所幸銷售是人人都能培養的技巧，不用能言善道或是天生懂交際也能夠練成。

為了幫助你一路上的表現，本章共分成五個部分。首先，我探索了銷售過程點到點的運作方式和原理，介紹一個叫作「落差銷售」的模型，然後稍微細講四個方面技能，讓你好好應對未來挑戰：開發客源、調查、演示和商議。

關注落差

根據銷售大師吉姆・基南（Jim Keenan）所說，銷售過程的要義在於找出潛在客戶目前所在地（當前狀態），與想抵達目的地（未來狀態）之間的落差，而這個落差的大小會決定你能為他創造出多少價值。有三個重點要記住。

首先，萬一不了解顧客的當前狀態和渴望的未來狀態（此對象包含潛在雇主、同事、投資人等等），就無法有效向他們推銷。這是多數人容易中箭落馬的一點，因為把目光集中於自己或是自家產品上，忽略了顧客那方，而說得太多或是太少。結果呢？他們不了解對方實際想要或需要什麼，因此銷售成功的機率降到零。

第二，落差大小是個人認知的問題。看起來小小的落差可能其實很大，反之亦然。想要有效銷售，必須要讓潛在顧客看出落差實際上有多大，或甚至要找出最適合的落差去填補。在這一點上，發揮所能提出實用見解並且提出適當的問題十分重要，這也是每次銷售等同於「使對方認知到自己所帶來價值」的核心原因。

第三，在對方想從當前狀態走到理想的未來狀態的情況下，每次銷售都會牽涉到改變。要是對方不想要改變、無法改變，或對改變感到不自在，那麼銷售就會遭遇困難。因此，銷售過程中信任、信譽、專業能力和關係的經營非常重要。不僅是你要能描繪出吸引人的願景來呈現更好的未來，還要顧客願意讓你陪他走過這段歷程[2]。

明白這點後，現在就回過頭來看看一般的銷售流程，內容如下：

1. **開發客源**：首先要找出你能為哪些潛在顧客處理問題和需求，接著聯繫他們。這是建立銷售案源極為重要的第一步。要是沒預備好開發客源（把機會投入漏斗裡），接下來就會遇到困難。
2. **調查**：找出適合的潛在對象後，下一階段是要了解他當前所在之處和未來意圖抵達的目的地、兩者的落差有多大，以及要克服哪些問題來成功跨越，並藉此盡可能排除不確定性。

3. 演示：從調查階段獲得資訊後，接下來要構思和呈現你的解決方案。其中形式包含對談、書面提案、口頭報告、產品演示或是綜合運用以上四種。

4. 商議：如果你的基本銷售內容和提出的解決方案獲得採納，那麼接下來就要商議好雙方協定的條款和細則。如果一切都按照規劃來，這階段就會成交，即錄取職位、簽下訂單、談妥案件並開瓶慶祝。

現在來細看各個階段。

開發客源

對於開發客源的頭號建議，就是持續去做。這又回歸到拚數量遊戲。你所談定的案件數量，等於你擁有的潛在顧客數乘以你將他們爭取到手的能力，如果你在每十名潛在顧客中能獲取一名顧客，就必須要好好應對一百名潛在顧客以達成十次的銷售量。

如果不在漏斗中多增加一些潛在顧客，你的案源就會枯竭使得成長停滯。因為拿下潛在顧客需要時間，所以不持續開發客源的話，就會突然發現自己沒有新的往來顧客，而在找到新的潛在顧客與產生任何收益之間出現空窗期。

還有要好好記住，情況窘迫時最難銷售成功，因為潛在顧客能從你的儀態之中感受到你的慌張感。從容不迫時才能好好銷售，因此不斷開發客源對於企業成長相當重要[3]。

那為什麼大家不多多益善？

因為有難度。

要去聯絡不認識的人並猜測對方對自己的構想、產品或服務有多少興趣已經讓不少人感到吃力。一般人不喜歡打擾人，也不想要被拒絕。但要好好記住，最糟的情況頂多是對方說不，而不去聯絡的話對方也無從答應起。回想第三章提到的心態：在開發客源一事上，壞處有限而益處無窮，且不嘗試便不可能成功。

我在青少年時期就親自體驗過這一點，當時我打一份工要登門向人推銷餐券。多數人覺得這痛苦極了，而實際上確實有難處在。不過，回想起來這個經歷十分寶貴，主要因為我學到被拒絕的痛苦只是一時的。沒錯，短時間內會很難受，但不會造成長久的傷害。要做的就是收拾心情邁向下一個機會。

開發客源時，以下技巧很好用：

詳盡預備

突然之間隨便去聯繫人並不恰當，而是要做好萬全預備。首先要想好目標客群。

當然，總不可能確知任何一名顧客會遇到什麼難處和問題，但你確實知道（應該要知道）你的產品、服務或專業能力能在哪方面派上用場。因此，有個好的切入點可以幫助你確認你能處理哪些問題，以及這些問題可能造成了哪些影響或是未來可能會帶來哪些影響。做完這點後，就能開始找出哪些人能從你的知識、服務或產品受益，以及你能幫到哪些產業、部門或是個人[4]。如果你已經累積了滿意顧客的資料庫，可以試試從中找出規律；沒有的話，盡可能做推測。

等你已經篩選出能解決哪些問題，以及誰可能會遇到這些問題後，接著需要拿出望遠鏡張望，問問自己這個令人擔憂的問題：為什麼別人要向你採買？多數人覺得這一題很難回答，甚至到了寧願不去面對而承受後果的程度，而不願意停下腳步好好想一想。不要輕易就屈服了，而是要站在買家的觀點來思考。在企業對企業的世界中，如果你鎖定了高價值的潛在顧客，很可能他們身旁有一堆人搶著要賣東西給他或是和他們敲定行程。也就是說他已經有喜愛的供應商名單，更換廠商會有不少風險，而且要走麻煩的程序才能安排好新的配合對象。

對於消費性物品而言，因為選擇太多，一般人自然而然會選擇自己聽過和朋友喜愛的品牌，或是之前用過好用的。如果沒有理由選你的話，要怎麼獲得潛在顧客的青睞？平白來說，那是做不到的。所以，你要有個有力的理由讓自己被選上。或者，提供一些新構想來展現出你能帶來的價值那就更好了。

■提出新構想

企業高階主管公司（Corporate Executive Board，簡稱CEB，現屬於顧能公司〔Gartner〕）的馬特・迪克遜（Matt Dixon）等人在調查頂尖銷售人員時，有了驚人的發現：在複雜銷售案中績效最好的人不是那些很會套交情、賣力工作，或是很會接訂單的人，而是提出挑戰的人。他們會給顧客不同的見解，促進他們思考和質疑原先的預設。

這些人有突出的表現，因為他們做到3T「教導（teach）、個別化處理（tailor）並主導局面（take control）」，運用過人的專業能力以及對於顧客企業或產業的認識，帶來更多價值。他們不害怕將顧客帶往新方向、讓他們多關注原先沒察覺的問題，並且積極建議要如何加強企業績效[5]。

你也能辦到這點。好好投入你服務對象所處的產業和市場、實際去做調查，並且提出自己的見解、觀點和構想以提供給顧客。又或者，在社群媒體上分享你的心得來加強熟悉度。

■利用社群媒體加強熟悉度

如果大家聽過你這個人或是你的品牌，開發客源會容易許多。熟悉度能減少他們起初的抗拒，讓知名品牌在銷售上獲得優勢。無論你喜歡與否，現在的社群媒體讓這過程變得比以往更加容易：分享你的專業能力，開始對潛在顧客打響知名度。

就算你去聯繫潛在顧客時他們從沒聽過你，對方很可能會去網路上搜尋，並對你在網路上的優質言論和見解感到安心。更好的情況是，線上形象確確實實屬於你。如果你換工作或是公司，不用重新來過，而是能把網路資產帶過去。

我建議培養習慣發布優質內容、回覆留言以及在你喜歡的平台上與其他人張貼的內容互動。亮起招牌，看看哪些人會受到吸引，爭取足夠曝光率好讓人馬上想到自己，並且經營好關係。長期下來，你的網路資產就會累積出價值，而社會資本獲得成長，因此遲早能等到機會。

■排練和加強

無論你透過什麼管道來接觸潛在顧客，像是登門造訪、打電話、寄電子郵件或是利用社群媒體，總該要知道該說什麼話，還有對方可能會怎麼回應。這表示要排練和持續加強作法——留下適合的，刪除不適合的，直到有自信能上場為止。

開始聯繫人時，不要浪費時間閒聊。直接切入正題，解釋自己是誰，還有為什麼要找對方，而且理想上要能引發對方興致。可以是分享獨到見地、提出有趣的問題，或是呈現出關乎對方利益的內容。

目標很簡單：潛在顧客要認為值得跟你一談，並且讓你能進入下一個的調查階段。要達成這點的話，就必須要表明提議[6]。直接、自信且抱持熱忱的情況下，能夠大幅提升成功率。

■ 不要替顧客說不

在任何銷售情境中，我們常常會聽到人說不，這不是什麼好受的事。所以，不要代替潛在顧客說不來挖坑給自己跳——但願我早點學到這一點就好了。如果對方沒回應、沒接電話或是突然沉默，我們通常會認定擺明就是拒絕。實際上，要經過更多互動或是「下功夫」才能成功銷售，而要做的次數經常比想像的多出十次[7]。

所以，即使不該糾纏人或是惹人厭，但也千萬不要替對方說不。我發現，有時候要固定關心和寒暄到兩年之久才能爭取到客戶。既然環境中充滿不確定因子，誰也不知道什麼時候需求會起變化、採購的機會會敞開，又會是時機成熟——把眼光放遠。

■ 請人幫忙推薦

最後，一個簡單的開發客源方式是請人幫忙推薦。如果你已經有一群感到滿意的客戶，不妨請他們幫忙把你介紹給有類似需求的人，說不定他們很樂意這麼做。

調查

開發客源的目標在於與人互動到知道能從哪裡下手提供協助——關鍵的調查階段。除非全面了解對方的問題和期望，否則無法提出強力的解決方案，且會連環遭到拒絕和遇到阻礙。怪不得研究顯示調查階段是銷售流程中最重要的一環，也是高績效銷售人員主要的焦點所在[8]。

所幸，要用到的技巧只有兩種：提出對的問題，並聽取答覆。先從聆聽部分開始說起。

■積極聆聽

其他人在說話時，我們常常沒在聽。我們可能有聽到對方說的話，但心思神遊到十萬八千里外，因為被自己內心的獨白蓋過去，又或是我們正在想著自己接下來要說的話。想想看，我們多常打斷人還有被人打斷，又或是每每替別人接話，而不是讓對方說出來。很少人像大家自以為地擅長聆聽——像我就一定還有進步的空間。不過，真正聆聽的能力非常寶貴，因為雖然這麼說聽起來難以置信，但我們聆聽的狀況會「影響其他人的思考品質」。為什麼會這樣？

我的好友南希·克林（Nancy Kline）在她的著作《留給思考的時間》（*Time to Think*）中解釋道，耐心聆聽時，能給對方時間提取和發展出自己的想法和構想。如果打斷人，他就沒辦法好好醞釀出想法、提出詳盡的答覆，並讓構想成形，於是在半生熟的情況下草草丟出來。增進聆聽技巧，便更有機會讓顧客分享寶貴的見解和構想[9]。

有三個簡單的訣竅能增進聆聽技巧：保持眼神交流以表現出專心、不要打斷人說話，並避免急著填補空白。如果對方一時沉默，很有可能是在思考。讓他們有空間整理出想法對你有好無壞，尤其是在回答你問題的時候更是如此。我們現在就接著來談這個主題。

■問對問題

幾年前，我從紐約開車駛往麻州的美麗鄉村伯克夏郡（Berkshires）。半途中，我停下來進到一個名叫列諾克斯（Lenox）的小城鎮，走著走著就進到一家當地書局。

進到店裡時，店長從櫃檯後走出來跟我攀談。他問我怎麼會來這裡，還有我有沒有在找什麼特定的書。聊開來後，他又多問一些有關我閱讀習慣的問題——我喜歡哪類的書、近期讀過哪些書，還有有沒有最喜歡的作者。

我在回答時，他在書局裡穿梭，從架上取下他認為我會想看的書，於是我不知不覺中就捧著五本書到收銀台，滿心期待要去讀。其中一本書是《世界頂尖書局的註解》（*Footnotes from the World's Greatest Bookstores*）。這家從一九六四年起開業的小書局，便頭一個收錄在書中。根據我這一趟逛下來的經驗，對此並不感到意外。

這個故事說明了銷售專家一致認同的一個基本論點：提問和成功銷售之間有著強烈的關聯。問的問題越多，且問得越好，就越可能達成銷售。甚至有研究顯示光是詢問顧客以前有沒有來過，而不是問需不需要幫忙，就能夠大幅增加零售的銷量[10]。

提問重要的原因很簡單：你能夠發掘顧客真正的需求，而不是你自認為（或甚至他們自認為）他們有哪些需求，因此提升了銷售的可能性。問問題能讓你了解顧客所遭遇的困難的根源、這些困難對他們的生活帶來什麼衝擊，以及促發的原因。

不只如此，問問題還能讓你了解顧客對於現狀和未來的想法。換句話說，問題能讓你找出代表銷售機會的落差，並確認其大小為何。

不過，實際上要如何進行這個調查階段？銷售專家尼爾・雷克漢姆（Neil Rackham）找出四類可以提出的問題，記誦口訣是SPIN：「情境」（situation）、「問題」（problems）、「牽涉後果」（implications）和「需求報酬」（need-payoff）[11]。

首先看到的是以「情境」探問來獲取可能有用的基本背景資訊，關於談話對象個人的事、工作職位和任職公司。沒必要花太多時間在這上頭，因為對於買家而言，向我們交代這些事情用處不大。要做的是用「問題」探問來發現他們的需求。

問題探問要去掌握的事項有四個：顧客的理想未來狀態、必須克服哪些障礙以達成該狀態、困境的根本原因，以及他們對於這一切的想法。

回到本章節之初，採買總與改變相關，而改變常常會引發情緒反應。所以要搞清楚什麼人事物讓顧客必須要去解決問題，以及他們有何感想。發現這些問題中的情緒和刺激因素層面，能讓我們同理顧客。

提出這些問題沒有靈丹妙藥，關鍵是保持好奇、仔細聆聽，且在遇到潛在困境時，如果不清楚該困境以什麼形式呈現的話，就要詢問細節。我們也能運用獨特的見解和自己能力範圍內能解決的部分來促進討論。

以下舉幾個例子。要釐清渴望的未來狀態，只需要問：「解決這些問題的話，狀況會有什麼不同？」其他我常問的問題是：「對你而言，你最看重夥伴的哪些面向？」得到的答覆經常不同於我的預想。不僅如此，潛在顧客常常會說我是唯一這樣問的人。不過，奏效的不光是找出顧客的問題就好，而是讓他們能看出其「牽涉後果」。

人不會花錢或力氣去解決芝麻綠豆的小事，所以如果落差看起來很小，或效益並沒有明顯超過成本，要大費周章去換合作對象感覺就不划算，提出好的「牽涉後果」探問在於讓顧客看見他們面臨問題真正給他們的影響。例如，最近我有次探問時，察覺到有個潛在客戶想要重新設計產品，但卻欠缺時間和能力來把想法和策略性目標整理成明確的簡報給合作夥伴看。

這個問題牽涉到什麼後果？以還算好的情況來說，要是簡報不明確，合作夥伴會浪費寶貴時間提出原本就能知道答案的問題，因此造成企劃案延遲。以糟糕的情況而言，如果簡報不清不楚，團隊也沒搭配好，可能會危害到解決方案的設計，要多花錢重做，又或是會害慘了產品的整體成果。從這點來看，簡報不只是上司沒時間去弄的文件，而是肩負了案件的未來。

講明這些牽涉後果，可以改變顧客對於你能帶來什麼價值的想法，並讓他們知道情況非同小可，而提升成功銷售的機率。然而，這可能令買家感到不自在，所以為了要好好收場，要把悲慘的牽涉後果探問導向振奮人心的「需求報酬」探問，以鼓勵顧客想像解決問題的方法和能得到的效益，以上兩點都能增強其對採買的興致。

以前述例子來說，需求報酬探問包含了「如果有人替你寫簡報，可以讓你騰出多少時間？」、「如果我們能在更短時間內產出更好的簡報，能讓你的產品上市周期縮短多少？」、「你覺得明確的簡報能省下你和合作夥伴多少時間，以及能帶來多少經濟效益？」回應這些需求報酬探問時，你能創造的價值便呼之欲出，顧客也更能接受你提出的解決方案——假設你把演示做好。

演示

透過演示來呈現解決方案通常包含書面提案、口頭報告、實例演示，或是以上都有。所幸現在你應該已經充分了解顧客的問題，而他們也認同這些問題存在，並且希望你能幫忙處理好。

但萬一你無法有效說明解決方案，還有提供讓潛在客戶對內推廣該構想用的資料，你恐怕就無法與對方談妥。如何傳達構想十分重要。以下簡單幾點指引能全面提升你的書面和口頭報告技巧。

■從架構著手

學習新技能時，會發現通常有些「入門祕訣」，以簡單的技巧快速增進你的能力[12]。譬如，攝影領域中有「三分法」，把重要的視覺要素擺放在距離框架三等分的位置，像是人像照的眼睛或是風景照的水平線，這樣能立刻提升構圖的吸引力。

在預備文件或是報告內容時，也有類似的祕訣能因應最大的誤區：架構薄弱。

我看過的提案、論文、書籍和參與過的演講當中，有太多讓我難以吸收內容，因為資訊呈現的方式大有問題。就算構想再出色，要是顛三倒四呈現也會無法消化和記住。要避免這點，有兩個架構祕訣可以運用：SCQA簡介法和金字塔原則。

■ＳＣＱＡ簡介法

簡介對於文件或是報告而言很重要，因為要為讀者鋪陳好背景。寫得好的簡介會讓人想讀下去，寫得差的則會讓人看都不想看。這時就該採用ＳＣＱＡ法：「情境」（situation）、「困難點」（complications）、「疑問」（questions）以及「解答」（answers）[13]。

第一個是「情境」。目標是要透過設立基本事實或針對現況能獲得認同的評論，讓讀者和你站在同樣的起始點，並朝同樣的方向觀看。例如，假設你要寫商業提案，你大可以用一、兩句話去描述出客戶的期望。如果要做推銷簡報，你的情境可能就是要以陳述來定調，讓觀眾進入正確的預備心態。如果目標讀者邊讀邊點頭，你就搞定情境了。

以現況事實對觀眾做好鋪陳後，接著就要進入「困難點」——也就是情境中所遇到的障礙、問題或是引發不滿的根源。這些困難點會抓住讀者的目光，理應已經清楚顯示，即在調查階段找到的問題、根本原因和牽涉後果。這時讀者不再點頭，而是開始皺起眉頭，表示你好好道出困難點了。

表明情境和困難點的好處在於，這會讓讀者心中自然浮現出「疑問」。這時候，要把這些疑問記下來。原因有二，首先，你最好在簡介中就交代清楚，讓讀者因為知道你要走的方向而感到安心，甚至因為知道接下來要談什麼而有一絲絲得意。再來，第二點更加重要，是因為剩下的內容中要提供「解答」，所以必須辨明這些疑問。

以下是我最近寫的一個實例，示範了這個格式的用法：

〔情境〕近年來，顧客體驗成為商業界中的熱門話題。大家聽聞客戶處於主導地位，我們要滿足他們，否則就會完蛋。怪不得，世界各地的商業界都很執著於以顧客為尊的想法。大家成立了顧客體驗團隊，並分到可觀的預算，有些企業甚至還任命首席顧客長。

〔困難點〕然而，這些方案很少帶來讓客戶有感的改善，更少能達成具體的業務成果。明顯提升績效仍是一大難題。

〔疑問〕如此，顧客體驗專員和資助這些方案的組織面臨兩個關鍵問題：第一，要如何實際改善而提升顧客所認定的價值？第二，達成這點的同時要如何獲利？

〔續前解答〕本報告中，我們將詳盡解答以上兩個問題。先從較大的難處開始，即在顧客體驗方案中創造出可觀的報酬。

以上簡介扼要且好懂，對讀者的好處也立即可見。如果讀者想要知道問題的解答，很可能就會繼續讀下去或是注意聽後續的報告。

現在要來提供解答，這時便可運用「金字塔原則」。

■金字塔原則

對人腦而言，有清楚架構的資訊最好處理，因此這個原則取名為「金字塔原則」（pyramid principle）[14]。所以，報告、提案或口頭報告在端出主菜時，必定要依照主題將內容歸類，並先提出階層最高的項目，然後再往下提供更多細節資訊。

例如，我會這樣寫：「奧斯陸郊區最常見的寵物是貓和狗。熱門的狗包含拉布拉多、德國牧羊犬和博美。熱門的貓包含緬因貓、暹羅貓和挪威森林貓。」很可能你讀完第二句（狗的範例）時，就已經預期到後面會舉出貓的範例，這就是金字塔原則的威力。因其採用邏輯架構，再加上循序漸進說明細節，讓讀者不會在文中迷失。

本章內容的編排也是金字塔原則的一個範例。金字塔頂端是銷售，接下來出現的是點到點的銷售流程（開發客源、調查、演示和商議），也就是金字塔的第二階層。再來，我個別做介紹，對於每個關鍵主題提出實用的次要重點。但是，我們一開始要怎麼知道金字塔長什麼模樣？關鍵是要知道為文件或報告編排架構和撰寫內容是兩回事。

我書桌的左側有一大片空白的牆面，也就是每本書、每個章節、每份報告、提案或是口頭報告的起點。我會先在一張張的N次貼上大致寫下主題，接著從中找出規律。經過一段時間後，就會顯現出符合邏輯的歸類法，然後完成大綱後，就預備好開始寫內容。

這聽起來像是繁雜的步驟，但其實能幫我省時間。而且，文件或報告規模越大，能省下的時間就越多。往往，大家會直接開始下筆，結果寫到一半覺得進到一座令人暈頭轉向的迷宮裡，必須從頭來過。這也就是為什麼出版商通常要求要看到完整的提案和章節綱要才願意答應出書。先有架構再下筆，然後開始下筆寫時要記住以下指引。

■使用具體而鮮明的語言

某派令人敬而遠之的正式寫作特別愛以專業術語的短稱取名，搞出一些抽象名詞和動詞，並且濫用被動語態——想要藉此樹立權威感、展現文學造詣和突顯客觀性。不過，讀者想要採取具體行動之際，卻只看到了生硬、晦澀又不著痛處的文字。這樣並沒辦法加以行動，因為內容太過空洞。比較看看以下兩句：

A、減低家養犬類的營養不足問題。

B、要餵餓肚子的狗。

A句就是許多商人亂湊出的話，效果很差；B句則清楚、簡潔又能加以行動，因而散發出自信心。要用具體而鮮明的語言，讓你的文案飽滿有力。再讓語言與眾不同而更上層樓。

很可惜的是，英文明明有超過十七萬個單字，多數企業卻都只會用幾個熱門關鍵字來描述自己：顛覆、創新、獨特、重視解決方案、世界一流、領先業界、關注成效、以客為尊等等諸如此類的話。觀眾每小時都從四面八方被這些陳腔濫調轟炸，他們聽到的是：「他們也跟其他家一樣平庸，最好離遠點為妙[15]。」不要害怕用豐富的語言，而且要加入敘事要素。訴說故事的方式深植人心，我們便是如此教導人和學習。在敘事中添加點小花邊、有趣軼事和真實案例，讓文件或報告更加生動，因此容易聽下去也容易記住——能簡短就更有效了。

■講求重點，不可沒完沒了

只要一不小心就會說太多話：點明每項好處、提出每份佐證資料，還有分享自己的所有知識。但不是所有可交代的內容都同等重要，說多了只會讓傳達的訊息被稀釋。

我們很容易就會給人難以負荷的過量資訊。一名資深行銷人員曾經這麼對我說：「如果你一次扔一棵柳橙給我，我可以接住。要是你一次扔十顆給我，我會一顆都接不到[16]。」問問自己你希望觀眾能記住你文件中哪三到四項重點，接著盡可能琢磨好這幾個要點。觀眾需要時可以請你再提供更多資訊，卻無法要你減少提供的資訊量。

傳達關鍵要點時要簡潔。簡短表示你注重讀者的時間，並且能突顯出關鍵要點。比起二十頁的提案，大家比較可能會去讀三頁的提案，而且三頁提案的內容也比較好吸收。精省語句並非易事，但多加練習就會進步——配合字數上限寫 LinkedIn 精簡貼文讓我受益良多。

切記安排架構和撰寫內容是兩回事之餘，撰寫和編修也是兩回事。一旦有了基本草稿後，問問自己：「有需要這一段嗎？」然後問：「有需要這句話嗎？」接著再問問：「有需要這個形容詞、副詞、子句或是填充詞嗎？」又乾脆請身為旁觀者的朋友來濃縮內容。就這點而言，Google 文件十分方便，因為可以輕易看到哪裡經過修訂。多加練習後，你就會驚訝於自己的語句變得多麼精簡。

同樣道理，如果你要用投影片做口頭報告，要讓視覺畫面簡明，讓內容有喘息的空間，並且用可見的階層來整理好各個要素。想想看報紙的第一頁，重要內容放得很大，並且置於頂端，細節項目小小地放在底下。不過，比起做出精美簡報，更重要的是要排練。

多加排練準沒錯

簡報或是產品演示的性質是表演，不管是哪種表演，想要拿出最佳表現就要多練。音樂家會排練，演員會排練，運動員會排練，偏偏許多人在做銷售口頭報告或是專題演講前從不事先排練。要尊重觀眾還有加強成功機率，沒排練的話就不會有最佳表現，道理就是這麼簡單。

首先獨自順過自己的口頭報告，告訴自己最初所做的是最困難（且最拙劣）的。慢慢地，精修自己的表現成果，直到時機能抓準為止，且把關鍵要點和順序都記好。多次重複的用處再強調也不過，別以為能寫好講稿來當偷吃步，自然地講述內容才能有最好的呈現。只要好好下功夫，就能以流暢的表現讓觀眾感到驚豔。

商議

根據目前銷售流程，你已經找到潛在顧客、透過調查得知他的需求，並提出解決方案。現在要進入漏斗模型的最後階段：商議好協約的細則。

這主題最需要記住的一點，就跟開發客源一樣，做就對了。商議是不可避免的一環，每當有一方想要向另一方索取某種資源時就要商議，且對成果會有深遠的影響。以下提出兩個範例來說明。

想像你得到了一個工作機會，你提出年薪再增加一萬美元，外加一星期有薪假，優於原本的待遇。如果對方接受這個要求，接下來五年期間你就能多賺五萬美元，夠你買一台好車、付好一部分的貸款，或是大幅增加積蓄，並且能休假共超過一個月。

或許，更好的範例是想想定價對於利潤的影響。為說明方便，想想你經營一間顧問公司，每小時的費用為三百美元，算起來盈餘有三十三％。每收取一小時費用，你能賺到一百美元。現在，想像顧客想殺價五十美元，降到每小時兩百五十美元。你很想要拿下案子，所以沒再商議就立刻答應下來。這對你的利潤會造成什麼影響？減了一半！如果對方滿意你的表現，每年借用你們公司三個人員，那麼你這樣一筆簽下就損失了將近二十五萬美元（詳細待第七章介紹）。那麼，要怎樣增進商議技巧？接下來提供幾個實用訣竅。

決定底線

任何商議過程中，都要界定出自己的「底線」，也就是案件各層面可接受的極限。界定出來後，就要在底線被越過時確實抽身。最損害自己立場的，莫過於明明說了是底價，結果又用最、最、最終條件來推翻原先所講的。切記，「破局總好過爛協議」[17]。不要讓一時的成就感造成長期的禍害。

還要記住，不是每個人都會買單——這是個拚數量遊戲。沒必要害怕說不，或是擔心聽到別人說不。

「不」是好事

聽起來匪夷所思，但專業的談判專家很喜歡聽人說「不」，原因有三個。

第一，如同我們在第一章所探討的，人天生就有一種想要掌控的需求。一開始給對方有說不的權利時，對方立刻就能感到自在而在心態上更願意合作。

第二，弄清楚對方絕「不」想要什麼，便能去除不確定性，有助於找出他們接受哪些條件。許多專家把「不」當作是商議過程的開端，而想盡早談到這點，因此就導向我第三個要提的論點：「不」常常是通往「好」的道路。

與其把「不」當作是全然拒絕和討論的告終，不如將其視為進一步探索的機會，能夠更加充分找出對方的需求。「不」代表的意義有好幾種：對方還沒預備好、需要多加考慮和研究看看，又或是你越過對方的底線了。唯一找出真正意涵的方式，就是開口問：「請問您對我們提案哪裡感到不滿意？如何修改能讓您接受？」你可能會很訝異經過適當的提問，「不」就會轉變成「好」。

■ 留意定錨效應

定錨（anchoring）指的是一種認知偏見，以最初的資訊扭曲了人的觀點或是判斷。千奇百怪的範例都有，例如，一九七〇年時，心理學家康納曼和塔伏斯基（Tversky）做了一個兩階段的實驗。首先，受試者轉了上頭記有一到一百的轉輪，設計上轉到的數字會停留在十或是六十。接著，人員問受試者非洲國家屬於聯合國的比例有多高。轉輪轉到十的人猜測大約為二十五％，而轉到六十的人猜的數字會更大，約在四十五%[18]。

聽起來很荒謬，但人腦難以擺脫定錨效應。我們潛意識中會以第一個聽到的數值（錨）當作是起始參考點，用來調整出最終答案。這種傾向會對商議造成巨大影響。

如果由對方先講條件，可能會定錨而影響到我們對於應接受條件的判斷。事實上，起初的提案常常經過嚴重的誇飾，以期商議出的結果能較有利。那麼你該怎麼做？

與其跟著離譜的建議起舞，要做的是盡可能認出定錨效應，並冷靜提出替代想法。另一種方式是由自己開始，這樣你就是定錨的那一方，於是正可參考下一個訣竅[19]。

■要有野心（別到不切實際的地步）

有鑑於定錨效應，不難想見多索求的人能獲得更多。不過，很多人做的事情相反。大概是不想要顯得貪心、擔心他人觀感，或是自信不足。然而，實際情況如同談判專家娜塔莉・雷諾茲（Natalie Reynolds）所說，如果對方一口答應你提的條件，等於你的野心不足。她寫道：「我總是建議客戶試試有野心的起始價，再加上十%，免得大家被對野心的認知給誤導[20]。」

這聽起來有些沒必要。為什麼不能提出合理的提議而避免愚蠢的一來一往喊價？簡短來說，合理與否很主觀，我在初踏入演講界學到了這個教訓。

我的第一本著作出版不久後，便收到請我演講的邀約。我很感謝能有機會，因此訂了一個我認為合理的新手講師價格——每場兩千歐元。客戶對價格滿意，我也接了多場工作。

某一天，我收到去德國演講的工作邀約。主辦方也同樣積極想要協定出合理價格，因此講了價。他說：「不議價，就定為一萬五。」我震驚極了。

為了確定這是不是個極端特例，隔天我就打電話給前客戶，問問他們請我演講的預算是多少。「噢，我們很高興收到你的報價！我們一律為該活動的講者留了兩萬元的預算，其實你應該調高價碼的。」

突然之間，我原本的數字一點都不合理了。我心算了過去三年拱手讓掉多少錢，就學到了教訓：合理與否端看主觀判斷。有些野心不是壞事，最糟的就是對方說不，而得到這答案還是可能帶來更好的協議。

看重整體

大部分的商議有多個面向。就一般商業契約而言，可能包含了價格、付款條件、智慧財產權的歸屬、該合作是否能用於公關用途、工作份量以及人員職責。

了解這點後，成功商議的關鍵在於尋求總價值，並把合約的各方面視為環環相扣的部分。譬如你同意保持原價但願意延長付款時間，或是配合重要的時限但減少工作份量。無論是哪種，根據雷諾茲所說，商議的神奇關鍵詞叫作「如果你……那麼我……」。目標是要達成互惠雙方的共識，讓每個人都能獲取最大價值[21]。

談判專家克里斯．佛斯（Chris Voss）更深入發展這個概念，建議用開放式提問與對方協議，尤其是「如何」（how）的提問，也就是提請協助的問法。例如，如果對方建議你接受九十日的付款時限，你可以說：「我們的直接投資很可觀，且承攬人員要求預先付款，這樣我要如何才能配合得了？」用這種方式來問，彷彿使出了合氣道的招式，把對方提出不利你的條件轉變成雙方共同解決問題的情境，這就是每次商議該採用的作法[22]。

■要達成共識而非贏過對方

談判專家在策略上各有說詞。有些人認為先下手為強，也有人認為最好先讓對方出招。有些人強調直接規劃，也有些人強調商議過程中的變化和不確定性。不過，有一方面幾乎沒有異議，那就是商議的目標不在於「贏」，不該把對方視為敵人或要打垮的對手。

如同佛斯所說：「坐在你對面的人絕不是問題。待解決的事項才是，要放對焦點。這是避免情緒化的基礎策略……該克服的是情境……看似與你衝突的人其實是你的夥伴[23]。」

要記住，以商業而言，商議的結尾往往也是合作關係的起點，所以最好有個良好的開始，即展現出好好團隊合作的能力——本書第三部分探討如何應對不確定的世界以成立、發展及管理企業，便將談到這點。

本章摘要

- 銷售牽涉到找出顧客現在所處位置（當前位置）和想要達到目的地（未來狀態）之間的落差。
- 銷售流程有四個階段：開發客源、調查、演示和商議。
- 開發客源相當重要，且是個拚數量遊戲。如果不多在漏斗中囊括潛在客戶，案源就會枯竭而成長停滯。
- 預備開發客源時，要根據你所知能協助解決的問題來鎖定目標客群。
- 以明確而強力的理由說服顧客為什麼要向你採買。
- 頂尖的銷售人員不畏懼用新的見解對顧客提出挑戰，並促使他們多思考，又或是質疑原先的預設和信念。

- 利用社群媒體來建立熟悉度能讓開發客源過程更容易。
- 調查階段即要察覺顧客真正的需求，包含兩個技巧：聆聽和問對問題。
- 調查階段要問的問題有個簡單的記誦口訣SPIN：情境、問題、牽涉後果和需求報酬。
- 多數書面文件和口頭報告的最大誤區在於架構薄弱。
- 可以利用SCQA格式加強對構想的簡介：情境、困難點、疑問以及解答。
- 運用金字塔原則能把構想整理成符合邏輯的形式。
- 排練對於任何口頭報告都很重要——千萬不可不做！
- 切記，破局總比爛協議好，要設好底線以決定什麼時候抽身。
- 不要害怕商議中遇到「不」，這往往是通往「好」的道路。
- 注意定錨效應會扭曲你的判斷，不要害怕先講出自己的提案。
- 談起始條件時要有野心——索求越多，能獲取的通常也越多。
- 商議時要想著整體條件，並且要採用合作的方式而不是光想著要贏。

PART

3

成立、發展及管理能成功應戰不確定性的組織

第六章 創業──控管危機四伏的不確定性

商業的其他層面並不像新投資案、新產品或新服務進入市場那樣變數重重，顧客會喜歡我們的理念嗎？對手會如何因應？人們願意花多少錢？我們永遠無法事先得知。

再加上其他必須互相搭配的因素，像是生產成本、法律規範、促銷活動、供應商關係和現金流等等，難怪許多新投資案有的突然崛起，隨即陷入沉寂，有的得先經歷幾次轉型才能蓬勃發展。

成功的創業家會怎麼應對如此極端的不確定性呢？本書的第二部分雖然提供了許多答案，但是在實務上仍有許多值得探討的空間。由於涉及的不確定性程度各異，創業家將新概念導入市場的方式，跟主流企業喜愛的典型作法大相逕庭，尤其更是迥異於歷史悠久的大型組織盛行的作法。怎麼說呢？讓我們一起探討以下最常見的差異。

可承受的損失VS投資報酬

身經百戰的創業家明白自己無法掌控未來，因此，他們並沒有設定理想的投資報酬，而是計算可承受的損失，也就是為了測試構想所準備的最高支出，我們也在前幾章提過這個概念[1]。此外，他們也傾向高估投資的支出，萬一他們得依照市場回饋改變發展方向的話，此舉就能提供資金緩衝。要是沒有發生這種意外，他們可能得在新一輪的募資中冒著稀釋企業價值的風險，以較低的估值募集更多資金。

相較之下，主流的管理實務與此大相逕庭，反而要求企劃的商業案得將重心放在期望的投資報酬上。只是在絕大多數的情況下，成果根本無法準確預測，於是數字遭到篡改，好讓企劃看起來十分誘人；而成果達不到預期的時候，贊助人就會淪為砸錢的冤大頭。這其中一部分的問題就是：數據會創造出一種言之鑿鑿、強而有力的假象。我們很難意識到數字並非事實。畢竟無論是用Excel、Word還是PowerPoint，數據都能憑空杜撰，不費吹灰之力。因此我們受到誘惑，做出不必要的冒險之舉。

那麼，有其他選擇嗎？與其把時間浪費在計算複雜的投資報酬率，一心專注於可能的利益；還不如重新制定決策，好好控管損失。

真正重要的問題並不是「設計、製造和發行A、B或C產品，需要花多少錢？」或是「如果投資X的話，我會得到什麼樣的回報？」而是「我能花多少錢來驗證這個點子是否可行？」

若是以可承受的損失為基礎向上發展，最糟糕的結果也不過是花費合理的時間和金錢學點功課，而不是在未來引發大災難。

市場導向VS組織導向

如果你在一間大型組織工作，你很可能會聽到一堆這樣的評論，以下是我在過去的企劃中聽過的話：

「顧客都在抱怨這個流程太複雜了，希望我們能像競爭對手那樣，把流程變得簡單一點；只是我們的系統不允許，所以也只能這樣。」

「用戶研究已經為網站提出理想的瀏覽架構，但是副總們都覺得主要瀏覽列上應該要有自己部門的專屬按鍵，所以我們也正朝這個方向設計。」

「執行長真的很想要這個功能，所以我們把它列為優先的設計選項，而不是用戶強烈要求的功能。」

以上這些「呆伯特」式的發言都有一個共同的特徵：採取短期之內適合公司的行動，而非滿足市場（顧客、競爭對手、產業脈動）對公司未來的發展要求。產品市場媒合度（product-market fit）遭到忽視，反而是產品組織媒合度（product-organization fit）當道。

這些適得其反的行為背後參雜了許多原因，大型組織就像是一個社會，所以政治是一定少不了的。此外還有一條黃金法則：有權者決定一切，所以預算負責人擁有最終決定權。成功不僅會導致鬆懈，也會使人自滿，這就是所謂的「勝利病」，鼓勵組織主導決策。

另外，也會出現「不對稱風險」（skin in the game）。如果員工的成敗並未帶來顯著的益處或壞處，他們就不會有動力做出市場導向的決策。相比之下，公司創辦人、小型企業的老闆和創業家每天都會經歷風險和報酬，因此他們相當看重市場。

我還沒有見過哪位成功的創業家或創辦人，對外界發生的事情感到興趣缺缺。他們不僅對自己能解決的問題、能滿足的需求抱持著強烈的好奇心，也靠著意見回饋成長茁壯。他們通常會視早期顧客為形塑產品的重要推手，也想了解並評估顧客會考慮的替代方案，並研究如何贏過這些產品。

這麼做並不代表他們將願景和產品設計交給顧客負責，好讓自己的突發奇想立刻得到滿足，也不代表他們想緊揪著競爭對手不放。其實他們知道自己的假設可能有誤，其他人也不見得明白他們的願景，或許還有其他良機能創造更多價值、提升消費者參與度（engagement），或是締造更高的銷售額。

正如情報人員出身的小說家約翰・勒卡雷（John Le Carré）曾經寫道：「在書桌前看世界太危險了[2]。」我們必須建立心理相近距離（psychological proximity），將自己置身於顧客的世界，透過他們的雙眼觀看世界。不管投資案的規模或大或小，大家只要付出一點努力，就能辦到這件事。

舉例來說，某些大公司的高階主管會花時間待在工廠或是客服中心接電話。有的主管甚至會更進一步鼓勵員工像顧客一樣親身體驗。舉例來說，工程師横谷雄司（Yuji Yokoya）改良豐田汽車的塞納（Sienna）系列時，他直接跳上一輛車，開了五萬三千英里的路横越美國。他透過這趟旅途看見許多契機，能讓家庭休旅車變得更符合兒童和駕駛的需求。

我們也可以直接跟顧客以及潛在顧客互動，而非參考儀表板或指標來制定決策。不少創辦人和創業家也是憑直覺做事。歐克利和瑞德數位電影公司的創辦人簡納德在公司成長的過程中，會在用戶論壇上花好幾個小時跟顧客聊天[3]。這些例子讓我們發現另一項重點：創業家非常看重現實世界。

實事求是VS紙上談兵

我們在第一章提出一個言簡意賅的結論：世界本身就是變化莫測的。人們並非總是言行一致，也不一定知道自己想要什麼。我們不可能獲得完整資訊，做出完美決定，即使我們擁有絕佳的理論或策略，絕大部分的成功也取決於執行層面。

唯一的關鍵是實事求是，而非紙上談兵。我們不可能光憑分析就能成功，總需要嘗試一下，看看會發生什麼事。關注現實世界——而非看重假設、理論和分析——進一步突顯出創業方法與成熟大型企業的典型管理實務間有哪些差異。以下舉三個例子說明。

■銷售要趁早

高明的創業家都有個驚人的特質：開始銷售的時間都很早。事實上，他們常常覺得銷售跟市場調查是同一件事。

這是因為他們的銷售方法重在諮詢，也就是運用前面章節描述的過程來挖掘顧客的需求。這種強大的研究模式能讓人獨具慧眼，幫助他們從第一天就開始形塑產品的樣貌。

許多創業家甚至在產品誕生之前就開始銷售。他們會發起群眾募資，看看人們支不支持他們的構想；或是在社群媒體上用實務模型打廣告，看看大家會不會點進去瀏覽或註冊。著名的創業公司特斯拉（Tesla）對全新車款做了類似的事情：生產汽車之前就先開放預購[4]。人們以為這種方法在許多領域都行不通，但特斯拉的成功顛覆了這個看法。

經驗不足的創辦人和大企業的經理採取的方法往往與此截然不同。他們對市場進行與事實脫節、合乎邏輯的分析，通常會採用業界人人都能取得的現成報告，而不是走出辦公室前往現場調查。他們僅做最低限度的質性研究，甚至為了表示產品已經大功告成，他們可能只採訪一些潛在顧客而已。此外，他們會等到產品上市，才開始進行銷售作業。

這種作法為何以失敗告終，原因顯而易見。如果最初的願景有誤，企劃進展之際又沒有導回正軌的話，開發團隊往往就只能硬著頭皮，販賣沒人要的產品。

除了趁早販售產品之外，我們還能做哪些事情迴避以上的風險呢？其中一個方法就是早點建立出真正的產品原型。

■打造實物

我們撰寫鉅細靡遺的商業案和企劃的時候，往往一轉眼就過了好幾個月。但是創業家和成功的創辦人並不會完全投入這些事情，他們深知「坐而言不如起而行」。若是無法讓一項科技創新產品發揮功用，那它再怎麼前程似錦也沒有意義。他們也知道越早把實物送到人們手上，對方的意見回饋就越有價值。

正因如此，賽富時（Salesforce）的創辦人馬克．貝尼奧夫（Marc Benioff）才會竭力邀人到他創辦公司的公寓測試產品原型[5]。麥克．彭博（Michael Bloomberg）也做過類似的事情，他會拿著幾杯咖啡走進投資銀行，把咖啡送給對產品構想提出意見回饋的人[6]。

建立功能原型（functional prototype）的另一項好處就是只要做了原型，你就會明白自己到底在做些什麼，也會知道怎麼做能讓它更完善。建立原型的過程就是回答未解之謎的好方法，如此一來，未預見的成本和複雜問題浮上檯面時，你就能縮小問題範圍，將自己想到的假設傳達給工作團隊和潛在顧客。

這個方法不管是大企業或是新創公司都適用，甚至可以在完全保密的情況下進行，例如 iPhone 的開發過程就是這樣。開發產品和用戶介面的時候，每個點子都是先從公開展示開始萌芽，經過一輪又一輪的意見回饋不斷進化。

首先，相關團隊會審查樣品，並提出改善建議；接下來，管理階層也會進行審查。最後，只要樣品獲得大家的肯定，東西就會送到史蒂夫．賈伯斯手上，完成最後的批准作業。

曾在那裡任職的工程師肯恩・科辛達（Ken Kocienda）描述這個流程就像是創意選擇（creative selection）。透過這段流程，每個功能的工作版本都經過一大群人審慎思辨、仔細評估，他們也足以代表現實生活的客群[7]。這個作法在其他地方非常少見，許多組織只想交差了事，將用戶測試當成產品發行之前的粗略檢查，而非打造理想企劃的推動力。

這個道理其實很簡單。沒有任何事物能取代現實。你需要製作出真正的實物，為你的點子試試水溫。請先設計出一個粗略的原型，再根據自己的人脈、領域專家和早期顧客給予的意見好好改善，直到初版產品已具備上市條件為止。

■運用經驗確認

對於精明的創業家來說，除非市場釋放出明確的訊號，顯示他們眼中的機會大有可為，否則他們絕不會加倍投資新創案；而且他們也時常忍痛中止贊助，即使為時已晚也在所不惜。

詹姆斯・戴森是英國最有錢的富豪（截至筆者撰文為止），他投資了五億英鎊之後，決定放棄進入電動車市場，因為他知道這項投資案顯然行不通[8]。若在鐵證如山的情況下繼續堅持己見，損失恐怕會更慘重。某種程度上來說，他多年來能累積可觀的財富，正是因為產品可行性出現問題的時候，他能勇敢放手，而非堅持己見。

那麼，我們所說的「明確證據」到底是什麼呢？如果我們早點開始銷售，就會知道潛在顧客對產品有沒有興趣；若是專心製作實體產品，我們不僅能曉得產品到底管不管用，也會知道能否花費合理成本擴大生產規模。

相比之下，大型組織的高階主管往往只根據一些未經證實的假設和PowerPoint簡報中華而不實的內容，便全心全意地投入企劃。雖然企劃獲准進行，也得到了預算，但是對市場的影響卻相當慘重。要是沒有運作中的企劃，不僅員工無事可做，顧問夥伴也無法提供服務並收費。因此，即使企劃只是個砸大錢的騙局，他們也會在無意間充滿幹勁，讓企劃繼續進行下去。

不過，最浪費的事情並不是無所事事，而是對錯誤的產品投注心力，因為企劃最後必定失敗，而且會多出一大筆不必要的損失；要是繼續堅持下去的話，損失尤為慘重。

隨機應變VS堅持到底

我和商業夥伴班恩決定成立共同經營的設計公司 Methodical 時，我們先去比利時的鄉下待了四天，平靜地醞釀整體規劃。現在回想起來，當時的高談闊論和便條紀錄都是在浪費時間。

公司成立不到一年，原本的計畫只剩下兩個層面仍維持原樣：一個是合夥經營的承諾，另一個是成本架構。這個架構會降低固定成本、提高變動成本，好讓我們剛起步的公司能維持變通。

我們也確實保持變通，甚至改了公司的名字和盈利的方法。「規劃」可能很有價值，但是「企劃」並不然。企劃只是我們認為可行的最佳猜測而已。

成功的創業家也同樣意識到，自己對企業的任何假設都有可能出錯，所以他們只會將最初的願景當成一個有待驗證、塑造與改善的假設，而非一個無法逆轉的承諾[9]。舉例來說，Adobe 原本的商業計畫是製造搭載軟體的電腦、雷射印表機和排版設備，他們也靠這個構想募集了二百五十萬美元的資金。不過，潛在顧客卻對此不感興趣。因為他們已經有電腦，也跟其他品牌簽訂了印表機的供貨協議，他們真正需要的是能讓電腦和印表機一起運作的軟體。若要迎合這個需求，Adobe 的商業計畫勢必得徹底改頭換面；但也正因如此，Adobe 後來大獲成功[10]。

這種作法在大公司比較少見。即使鐵證指明最初的企劃有瑕疵，企劃仍會原封不動地進行下去。在我的職業生涯當中，這種情況發生了無數次，簡直就像是一道鐵律。事實上，即使我現在絞盡腦汁地回想，過去十年也只有兩間跟我合作過的公司為了因應研究成果，願意在企劃進行期間選擇放棄，或是大幅改變產品企劃。

請記得：機會不是埋在市場裡的珠寶，不會等著人挖掘。機會是源自我們的知識、人脈和手中可用的素材，這些資源聚攏的時候，願景、產品、服務和商業模式的要素就會逐漸成形。

舉例來說，產品願景尚未誕生之前，創業團隊通常都會先齊聚一堂。但是即使他們有了想法，產品問世前仍有可能出現極大變化。Shazam 的創辦人雖然盼望合作，但他就是無法下定決心，到底要線上販售隱形眼鏡，還是發行一款能辨識收音機音樂的應用程式[11]。

創業家對產品有了願景之後，首先會去拜訪其他專家，像是投資人、領域專家、潛在顧客或是合作夥伴，因為他們的意見回饋是驗證構想是否可行的第一步。若是對此感興趣的話，他們的參與也有助於形塑產品發展的方向。

創業團隊藉此選擇出一群不遺餘力的專家，這群人有望形成一個絕佳團隊，將想法像捏製黏土一樣塑造出來。這種作法與大型組織的實務形成了鮮明的對比，後者通常會先按照研討會上誕生的願景，並指派一組人馬將其推向市場，完全不理會這群人是否認同這份構想。

這也點出了一個關鍵問題：我們要怎麼知道新企業、產品或服務的構想能否成功？同樣地，經驗豐富的創業家能教會我們不少道理。基本上，他們評估或定位產品的方法跟主流組織的管理階層不一樣，而且是三個基本面的不同：看重時機勝過於功能；重視創造價值勝過於標新立異；尋求改變市場的契機，而非按照現有的規矩。

時機正確VS功能合宜

高明的創業家都曉得一個簡單的道理：時機若不對，全盤皆出錯。因此，他們精雕細琢產品細節之前，會先確定眼下是不是推出產品的好時機，看看是否能搭上改變的浪潮，利用大環境的趨勢，運用達成臨界質量（critical mass）的技術，或是配合某個轉折點乘風而起。唯有如此，他們才會開始思考產品和商業模式的內容。

吸睛的創業簡報提案和銷售企劃往往都會強調時機的重要性。專家安迪．

拉斯金（Andy Raskin）對此的解釋是：這些言論通常都會依循一個固定的架構，講者首先會談到世上出現某個重大轉變，讓潛在顧客或投資者陷於風險和水火之中。接著，他們會表示這場變化將產生贏家和輸家，順風轉舵就能創造契機，抵死不從則會陷入困境。

接下來，他們會展示新局面底下的成功樣貌，藉此「大談美好未來」，這跟我在前一章提到的未來狀態（future state）很像。最後，他們會在聽眾熱血沸騰的時刻，說明自家產品或服務如何成為稱霸群雄的關鍵，並附上真實的證據來支持這份提案[12]。整段敘述圍繞著「時局的變化」，以及「現在為何正是時候」進行。

相比之下，歷史悠久的品牌不怎麼認為時機是決定成功的主要因素。他們反而比較相信若是決定進軍某個市場，只要砸點錢就能取勝。對他們來說，時機重在執行計畫、設定企劃截止日，並確定哪些功能可行。這麼看待時機的人不只他們，很多首次創業的人和創業家對自己的理念深信不疑，所以老是在思考時機到底正不正確。

當然，沒有什麼神奇公式能告訴你何時該上市。時機只是環境中的一項不確定因素，無法分析透徹。不過，你可以讓自己的構想配合顯而易見的總體經濟趨勢，像是：技術採用的關鍵門檻、社會經濟的重大變化、有利的法規改革，或是你的所屬產業或鄰近產業的需求大幅增加。

舉例來說，我們有位客戶開發出一種治療廣泛性焦慮症（Generalised Anxiety Disorder）的非藥物療法，結果相當有效。依我看，眼下時機非常完美。基於種種原因（像是經濟壓力和新冠疫情），近年來焦慮症患者人數大幅增加；此外，由於焦慮症的污名漸漸褪去，因此人們更願意尋求幫助，大眾也開始關切焦慮症和憂鬱症用藥的副作用，像是：藥物成癮、體重增加和性功能障礙等等。因此，非藥物療法進場治療這項常見疾病的黃金時刻，似乎就是現在。

薩巴的新創投資組合裡頭還有另一個例子是Hum Capital。該平台為企業與合適的放款人或投資方進行媒合，讓企業更容易募集資金。為什麼現在是推出Hum 經營理念的絕佳時機呢？因為現在有一大群企業使用雲端會計和支付系統，可以和顧客在平台上分享數據。

誠如以上兩個範例所證，發起全新的投資案時，你應該捫心自問的關鍵問題並不是「為什麼要選這個產品？」而是「為什麼現在適合推出這個產品？」

更勝一籌VS賣點獨特

人們在產品開發階段常犯的另一個錯誤是：致力於打造具備獨特賣點的產品。但是，我們真正應該著重的是打造更能滿足顧客基本需求的產品。

每一種產品或服務類別都有基本的核心價值，通常這對大多數的買家來說才是最重要的。舉例來說，使用電商平台購物的人都希望能享有快速可靠的送貨服務、退貨無負擔以及簡單的付款流程。由於獨特的功能或賣點並非普遍的核心價值，所以通常沒有那麼重要，而且也只對少數顧客奏效。例如，很少人會純粹因為一筆訂單的包裹能拆送到多個地點，就選擇使用某項線上服務。

在變化多端的世界裡，成功往往是一場數字遊戲。能吸引更多人的產品會比獨樹一格的產品更容易成功。事實上，有些人甚至會說，任何產品的目標市場都應該是某個特定類別的所有買家。這段觀察點出了兩個重要問題。

首先，這些基本的核心價值不正是市場的最低要求嗎？大家豈不是都得符合這些門檻？是的，但是在不同品牌之間，產品或服務最基本的要素各有不同的表現，這正是買方最主要的考量因素，也該是首要的重點[13]。

第二，我們不是應該脫穎而出或是言之有物，好讓顧客選擇我們，而不選其他人嗎？我再說一次：是的。不過我們這麼做是為了給予顧客最高的品質，而非著重於創造獨樹一格的事物。更優秀的產品通常都會與眾不同，但是與眾不同的產品不見得出類拔萃。此外，我們也能運用創意十足、風格獨特的廣告和促銷活動，讓產品進一步脫穎而出[14]。

因此，規劃新的投資案時，我們值得好好花時間找出買家最看重的特點，以及自家產品是否至少有一項特點優於他牌。如果沒有的話，即使設計了聰明獨特的功能也毫無價值。請問問自己：「對我們的顧客來說，更好的產品應該是什麼模樣？」請將你大部分的注意力放在基本的核心價值，也許是更低的價格、更好的品質、一套特定的功能，又或是三者兼備。

引領潮流VS隨波逐流

我們可以把企業分成兩個陣營。第一種企業遵守為人所知的商場原則，第二種企業則是改變原則或發明新規則。

前者遵守共識，也就是約定俗成的做事方法；後者則是違背共識，帶來某種商業轉機，像是：不同的營運、行銷或收入模式、新科技的發展、產品本身的型態或功能等等。如果某個商業構想以前從未有人嘗試、看法兩極、偏離現有的實行方法，或是以上三者兼具的話，你就會知道這個點子違反了共識。

紅牛（Red Bull）就是一個很好的例子。這種飲料不僅味道奇特，裝在一個小罐子裡，而且還含有牛磺酸（魚、肉類的胺基酸）。照這樣看來，紅牛應該不太可能成為市場上的贏家，但是它卻成為紅遍全球的能量飲料品牌，每年銷售超過七十五億罐飲料[15]。洞洞鞋也是一個很好的例子。雖然有的人喜歡，有的人討厭，但是這款舒適的塑膠鞋非常成功，到目前為止已經賣出六億多雙[16]。

接下來是賽富時。雖然我們將「軟體即服務」（software-as-a-service）模式視為理所當然，但這並不代表這類的企業平台能一帆風順。即使 iPod 和 iPhone 大獲成功，但是這兩款產品剛上市的時候，質疑聲浪也不小。為什麼電腦公司要製作個人音樂播放器？誰會花幾百美元買一支沒有鍵盤的手機？微軟公司的執行長史蒂夫．鮑爾默（Steve Ballmer）曾認為 iPhone 相當不切實際，甚至還嘲笑 iPhone 價格昂貴，功能也缺乏使用者友善的考量[17]。

為什麼這件事很重要？因為這些非共識的要素雖然為投資案帶來更大風險，但是也創造出巨額報酬的潛力。如果我們所做的一切都合乎邏輯、淺顯易懂，那就不可能得到超過平均的報酬，畢竟我們缺乏智慧財產權、無與倫比的特色、創新方法等等優勢，無法為顧客或投資人提供超乎水準的價值。

正如創業投資家保羅．格雷厄姆（Paul Graham）解釋道：「倘若你無法跳脫同輩的思維，你恐怕做不來某些事情。舉例來說，想成為一名成功的科學家，僅僅觀念正確是不夠的，你的構想必須正確又新穎，你發表的文章不能拾人牙慧，你需要提出別人還不知道的事。」

「你在新創公司的創辦人身上也會看到這種現象。你不會想做大家都認同的好主意，也不會想做其他公司已經在做的事。對於大多數人來說不太妙的構想，你若是能洞悉它的優勢，那才是你真正該做的事[18]。」

這麼說並不代表經營一間符合共識的企業賺不了多少錢，事實上，剛起步就違反共識的企業一旦大獲成功，往往就會成為他人仿效的新楷模。此外，不少優秀的鄉村花店、自行車行、精品設計公司和餐廳，也都成功遵循長久可靠的商業模式和主張，他們只是無法從中獲得巨額報酬而已。

多數傳統經營的大型企業常碰到的問題是：很想打造熱門的新產品，但不是從創業家的角度來構思產品，而是從共識商業的方向出發。他們相信維持現狀是一件好事，因為眼下的成功就是現狀；而且他們極度理性的分析過程也會過濾掉備受爭議的事物。

這類的企業在產品上市之前，就想知道結果能否成功，畢竟他們已經承諾給予投資報酬，所以也不敢嘗試有風險的事物。但是這樣反而冒了最大的風險：打造出雷同的產品，結果只讓顧客想起市場中同類產品的佼佼者。事實上，有些公司甚至表現出一副市場領頭羊的樣子，明明產品的價值還沒有得到認可，卻已經在浪費時間進行優化。這就是我們要談到的最後一項差異。

先得到認同再優化VS先優化再得到認同

如果你親自孕育一款產品或服務，或是習慣開發得益於多年效率提升的成熟產品，那麼在它上市以前，你想優化一切也是人之常情。不管是自尊還是習慣使然，很多人都會猶豫不決，想等到產品具備所有理想功能、流程簡化完畢，基礎設施也能穩定擴張之後再上市。然而在現實世界中，產品若是尚未得到認同，優化就只是浪費時間和金錢而已。

這並不代表一開始的產品或服務就可以粗製濫造，它還是得具備我們承諾的基本核心價值。無論是吸引人的外觀、容易上手，或是獨樹一格、堅固耐用、安全無虞等等條件，它都必須具備一定的水準才行。正如投資家兼創業家史考特・貝爾斯基（Scott Belsky）在他的精彩著作《亂中求序》（*The Messy Middle*）提到，讓你的理念與眾不同的部份，必須從一開始就得融入核心，不能只是拿來當點綴[19]。第一個顧客出現的時候，我們必須盡力讓對方滿意，也要讓他們印象深刻。

不過，我們同時也得抵抗誘惑，除非有必要，否則絕不針對產品的枝微末節進行優化。你有必要從吸睛的標誌和網站開始做起嗎？恐怕沒必要，但這卻是許多人一開始最關注的焦點。如果連顧客都沒有的話，你會需要繁複的顧客關係管理軟體嗎？不太需要。但我合作過的某間新創公司卻一直為這件無足輕重的事情瞎操心，到最後才發現他們的產品根本不受歡迎。如果你不清楚產品該怎麼賣的話，你用得著擴張生產或配送的基礎設施嗎？還是那句話：恐怕沒必要。你需要在初代產品加入少數顧客使用的華麗功能嗎？不用。新產品的第一版不完美也無傷大雅，畢竟第一批顧客並未期望產品能面面俱到。

正如貝爾斯基所言，產品發展期間通常會依序出現以下類型的顧客：願意嘗試、體諒不足、慕名而來、價值珍貴，最後才是龐大利益[20]。第一批顧客就是願意嘗試產品或服務的人，我們只需要其中一些人，這樣才能跟他們充分打交道，並且從中獲得更多意見回饋。他們更像是合作夥伴或測試者，幫助我們解決問題。下一批顧客雖然不是最早期的老顧客，但是他們對產品非常熱衷，不僅能諒解早期版本的缺點，也對產品未來的發展引頸期盼。

假設一切都很順利的話，我們在這個階段應該已經取得創業成就：產品與市場相當合拍。現在我們可以積極宣傳產品，並確保顧客的產品體驗能帶動討論風潮，這群慕名而來的顧客跟促銷活動都是推動產品成長的一大關鍵。最後，隨著產品逐漸發展成熟，我們希望能吸引到最有價值的顧客，也就是最有可能帶來終生價值和潛在利益的顧客。

在顧客開發的各個階段（與產品或服務的開發階段相對），優化的程度和目的都會明顯不同。舉例來說，若是我們還沒找到願意嘗試的顧客，那麼開發超高效率的流程來提升顧客體驗也毫無意義。請抵擋提早優化和擴大規模的誘惑，才能讓你省時又省錢。

既然提到這個話題，那一定得談談 Webvan，這樣討論才算完整。在世紀之交的網路泡沫時期，Webvan 是一個大起大落的出名案例，Webvan 的構想是將網購的雜貨配送到家（雖然這個構想當初時機不對，但現在卻是屢見不鮮）。評論家為 Webvan 的滑鐵盧列舉了眾多原因，但所有人似乎一致同意：在價值主張和商業模式的基礎未經認可的情況下，從零開始建立軟體、配送中心等公司基礎建設是一個壞主意[21]。後來，Webvan 在二〇〇一年申請破產之際，已經虧損超過八億美元。

尼克・斯溫莫恩（Nick Swinmurn）的例子與此恰恰相反。由於他沒有順利找到喜愛的款式、尺碼和顏色的鞋子，他便從中獲得靈感，創辦一間線上商店名叫 shoesite.com。對斯溫莫恩來說，他得先確定這個點子具備優勢，這樣募集資金和建造複雜的基礎設施才有意義。於是他選擇去拜訪住家附近的鞋店，詢問是否可拍攝有庫存的鞋款。接著，他會陳列這些照片在自己的簡易網站上，要是有人訂購，他就會去那間鞋店買鞋子並寄過去。一確定這個商機有潛力之後，他便跟幾間大型經銷商簽訂協議，讓他們幫忙把鞋子寄給顧客[22]。後來這間線上商店改名為Zappos.com，規模也不斷擴大，到了此刻公司才成立專屬的訂單處理中心。

創業流程

現在大家應該都很清楚，資深的創業家發展新產品、服務或企業時，通常都會依照與主流管理實務截然不同的原則進行。

比較這些作法的時候，我們也發現這幾種人很容易失敗：畫大餅、堅持己見、喜歡坐在辦公桌前研究，不向潛在顧客學習經驗；或是太早投注心力，僅憑脫節的邏輯分析來開發新產品，決策優柔寡斷。這些方法根本無法與環境本身的變數共存，成功創業家的作法反而跟熱門觀念相反，他們相當懂得規避風險。相比之下，同業的競爭對手卻常常橫衝直撞。

到目前為止，我都把創業方法當成一種心態來討論，而非將其視為一個過程。不過，成功的創業家都有一套講究的共同步驟，剛好形成一個順序。從本質上來看，這些步驟依序如下：

一、留意契機。
二、收集專家的意見回饋。
三、設計原型，進行初步研究。
四、反覆的產品開發。
五、賣，賣，賣！

■一、留意契機

一切都是從契機開始萌芽。洗澡的時候可能會突然靈光乍現，創業家使用某種產品或服務時，可能會覺得很不滿意。然而，他們能察覺環境中的問題，看到解決問題的契機，或是留意到新法規、新科技的誕生，以及世局的變化。

這些變數會開闢出一條值得探索的康莊大道。

有的人可能透過人脈得到某個構想，或者只是跟陌生人隨口一聊，事情便朝著有趣的方向發展；有的人甚至可能只是覺得跟一、兩個朋友一起創業是個不錯的主意。無論靈感源自何方，只要某個想法令人躍躍欲試，他們直覺做的第一件事就是開始思考。

怎麼運作？客群是誰？有人解決了這個問題嗎？現在時機合適嗎？潛在市場有多大？目前市面上有哪些選項？

如果他們對自己的想法很有信心，這段思考的過程通常會變成一篇願景聲明或是募資簡報，讓他們能向其他人說明構想。舉亞馬遜為例，想到新點子的人會寫一篇虛構的商業新聞稿來描述產品或服務的內容，彷彿它確實上市了一樣[23]。

■二、收集專家的意見回饋

這個階段會跟第一階段以及往後的階段重疊。這是一段找尋真相的過程：

創業家會聆聽領域專家、潛在顧客、投資者和團隊成員等人的寶貴看法，收集意見回饋。

舉例來說，他們可能會先訪問熟悉特定市場的人，或是尋找能提供可行性建議的領域專家；他們可能也會諮詢喜歡唱反調的同行創業家，或者詢問具有相關需求的潛在顧客。無論他們跟誰請益，這些人的意見回饋都會幫助他們早點發現必須克服的挑戰，並且更了解某個點子到底值不值得實現。甚至可能會有一些專家想加入他們。事實上，創業家希望產品和顧客出現之前，就能在早期獲得明確的保證：投資者願意為其提供資金，或是其他人準備加入團隊，一同實踐理念。

舉伊隆，馬斯克（Elon Musk）為例，由於他對太空旅行躍躍欲試，他便搬到洛杉磯，這樣他更容易接近全球頂尖的航空專家，而且許多主要的航空業者也在那裡完成絕大部分的製造和研發作業。他還加入研究火星的非營利組織：火星學會（Mars Society），這是他建立專家人脈的第一步，藉此測試他的構想是否可行。他也舉行了好幾場聚會，討論這個構想的可能性。

隨著人脈不斷擴張，他最後認識了湯姆．穆勒（Tom Mueller）。這位資深的專業工程師願意幫助馬斯克實現低成本火箭的新興願景，他們在二〇〇二年共同創辦太空探索技術公司（Space Exploration Technologies）[24]。時至今日，SpaceX 推出可重複使用的火箭進行著陸，這項不可思議的創舉讓公司聲名遠播，該企業的市值現在約為七百四十億美元[25]。

■三、設計原型，進行初步研究

如果創業家到了這個階段，依然對自己的構想懷抱熱忱，那就可以開始用原型進行測試（需要技術創新的產品更應如此），或是對目標客群進行更多初步研究，了解顧客的困擾、渴望和需求。

他們也可以開始進行試驗性質的銷售活動，衡量產品與市場的契合度。舉例來說，他們可以展示產品原型，收取預購費用；或是架設簡易的網站，並在社群媒體上刊登廣告來評估大眾興趣，看看人們會不會點擊網頁，想了解更多資訊。

■四、反覆的產品開發

若是市場釋放的早期訊號指明創業家發現了重要商機，或是他們的理念得到認可，那麼就可以將原型發展成合宜的初版產品了。通常這會是一段反覆設計、開發和測試的過程。在這段期間，他們會繼續收集現實世界中的意見回饋並解決問題。

這個階段的成果會是一個重要的里程碑。他們準備將產品推向市場，並且進入下一階段：規劃如何向早期顧客宣傳、銷售和配送。

■五、賣，賣，賣！

上市情形會根據產品或服務的性質，以及現有品牌（是否為成熟企業）的情況而定。過程可能相當低調，僅向一群能幫助產品更完善的早鳥發行；當然也有可能進行宣傳和公關活動，好讓人印象更深刻。不過，整體的目標都是將產品賣給真正受用的顧客。

摩根・麥克勞克蘭（Morgan McLachlan）、馬克・林恩（Mark Lynn）和薩巴創辦手工琴酒起家的植物品牌 Amass 的時候，他們先請第三方的釀酒廠依照自己的要求製作產品，並且反覆嘗試各種配方，直到味道、香氣和包裝都讓他們滿意為止。接著，他們聘用一名資深的酒業業務，請他上街向酒吧和餐廳推銷。後來，等到 Amass 站穩腳步之後，他們的配送範圍才擴及全國，規模也開始迅速成長。整個過程其實並不複雜。

這個例子清楚指出，創業在現實生活中一點也不神祕。創業是一件苦差事，並不適合膽小的人；但這是因為發起新的投資案、產品或服務本身充斥著不確定性，有太多變數要處理，而非因為能力不足，無法採取必要行動。

迄今大多數人面臨最困難的關卡是：體認到創業完全是一項務實的工作，而非一場智力競賽。只要你能實際一點，你就能收獲成果。

本章摘要

- 由於創業家明白不確定性是無爭的事實，因此他們在發展新產品、服務或投資案的時候，會採取一套相當與眾不同的作法。
- 高明的創業家不會設定理想的投資報酬，而是運用「可承受的損失」原則測試構想，以便及時止損。
- 創業家不以組織方便為主，而是以市場為重，關注顧客需求和環境動靜。
- 成功的創業家只重視能夠奏效的實際辦法，而非紙上談兵的理論。他們會為活生生的人打造出實在的產品，藉此獲得真誠的意見回饋。
- 高明的創業家在企劃進展之際，依然維持良好的應變能力並且專注學習。
- 成功的創業家對產品的首要考量通常是：現在是不是推出產品的最佳時機，而非產品應該具備哪些功能。
- 他們也致力於打造出優於同類的產品，為更多買家提供更高價值。他們不會從一個獨特的賣點開始做起，那樣只能吸引到一小塊的市場。

- 成功的創業家不怕挑戰共識。事實上，他們反而認為這是自己最大的競爭優勢。
- 在上市之前，他們不會浪費時間和金錢進行不必要的優化作業。他們會等到產品獲得認同之後，再進行優化。
- 成功的創業家和主流的觀念恰好相反，他們與多數大型企業的管理階層相比，更懂得規避風險，流程也更簡單務實。
- 創業家開發產品的方法是先從留意契機、收集專家的意見回饋開始做起。接著，他們會建立一套理念或是原型，並進行大量的初步研究。確信某個想法具備優勢之後，他們就會進入產品的反覆開發期，再發行第一個正式版本，並開始投入販售與行銷工作。

第七章

成長——十條成長途徑及應用方法

一旦新產品、服務或投資案越來越受到歡迎，我們的焦點自然就會轉移到成長上。有人可能會以為，早期劇烈動盪的不確定性終於消失了，我們大可仰賴老派的理論、分析和數據，照亮致富之路。

嗯，也許吧。

雖然我們能運用可靠的原則幫助成長，也能善加利用槓桿；然而，基於種種原因，成長計畫的最終成果仍然充滿變數。

首先，我們需要了解所謂的可靠原則內容為何，才能運用它們。然而事實上，許多成效顯著的方法並不廣為人知，甚至與著名的管理方針背道而馳。我們也需要確定哪些可能的成長槓桿有望在一定時間內提供最好的成果，這樣我們才能將注意力放在這些槓桿上。不過，這需要具備一種系統化的思維，但許多組織都無法企及。

如果手邊有可靠的數據，那自然幫得上忙。可惜我們手上往往沒有數據；就算有了資料，我們也很容易誤會數據所傳達的資訊。難題並未到此為止，即使運用了一項經過證實的原則，也無法保證結果，因為最終成果主要取決於理論的執行成效。舉例來說，宣布發起一場創意十足的活動，藉此打響品牌名號是一回事；但是要相信自己的努力能成功引起消費者注意，卻完全是另一回事。可能需要嘗試數次，才能走上正軌。

最後，不論成長策略的執行成效有多好，這些策略在無法掌握的環境底下，都無法完全發揮功用。因此，我們需要處理的是相對的可能性，而不是確定性。此外，任何既定的策略都會帶來不同風險以及相關回報。舉例來說，我們可能覺得對於自己的業務來說，最有效的成長策略是留住更多顧客，因此要優先留住現有顧客，而非贏取更多顧客。然而，人們停止購買的原因如果不在我們的掌控範圍之內（通常都是這樣），那麼忠誠至上的策略恐怕比想像中來得更冒險。

因此，我們雖然可以按照可靠的原則擬定成長策略，但還是免不了得參與一場數字遊戲，其中實驗和不斷地重覆是勝負的關鍵。我們不僅要根據潛在的優缺點進行評估，還要考量相對的成長潛力。請記住這些因素，現在我們要開始深入探索成長機會，先從影響利潤的兩個基本槓桿談起：收入和成本。

收入和成本

簡單來說，我們可以透過增加收入、降低成本，或是雙管齊下來提高利潤。那麼我們到底該怎麼做呢？

雖然企業當然不應該浪費錢，但是成功的企業往往不會選擇降低成本，而是以提高收入來追求成長。為什麼會這樣呢[1]？

首先，公司的市值通常會以收入計算。因此，即使企業正處於虧損或是利潤率很低，收入都能吸引人們的注意力，因為市值上漲就會產生鉅額的財富。例如，優步（Uber）雖然虧損驚人，但是前執行長崔維斯・卡拉尼克（Travis Kalanick）仍在公司毫無盈利的情況下，以二十七億美元左右的價格賣出自己的股份[2]。

第二，營業額若能成長，大型企業就有望透過規模經濟降低成本。

第三，雖然縮減成本可能會提高利潤，但是通常這種作法不僅會賠上適應能力（若要應對變化並挖掘新機會，適應能力非常重要），還會犧牲整體成效，尤其會失去我們為顧客創造價值的能力。舉例來說，降低顧客服務、品質或廣告的成本雖然輕而易舉，但是也會連帶損害品牌的知名度和吸引力。

最後，成長也需要「燃料」——通常指的是花錢，而不是省錢。就像鍛鍊肌肉所消耗的卡路里，會比維持現有體態所消耗的卡路里更多；如果我們想要迅速成長，就必須有資源才能進行投資。舉例來說，新創公司常犯的錯誤就是募資不足，結果錯失良機，無法產生推動力。

請先記住企業的機率模型，這樣我們就能依據提供最大成功機率的條件，擬出第一條成長方針：財務若是健全，請著重於收入成長，而非降低成本。

定價

說到增加收入，主要影響的變數有兩個：價格和數量。兩者並不衝突，我們可以一面設定最佳價格，一面想辦法賣更多；不過，這兩者依然關係密切。許多產品只要降低售價，銷量就會增加。除此之外，昂貴高檔的「炫耀財」（Veblen goods）若是提高售價，反而會賣得更好。

若產品售價並非最佳價格，我們恐怕就會因為價格太低而少拿利潤，或者因為要價太高而犧牲銷量。即使是小小的價格變化，也會對利潤帶來舉足輕重的影響，就如以下範例所示。

假設企業販售花園裝飾用的陶瓷青蛙，每隻青蛙的成本是十五美元，零售價是二十美元。因此，每賣出一隻青蛙就能為公司的營運費用和獲利貢獻五美元。為了簡單起見，我們先假設五美元都是利潤。如果現在把青蛙的售價調低一美元，從二十美元降到十九美元的話，利潤率也會同時從五美元降到四美元。乍看之下也許不多，降價五％的舉動雖然看似經過仔細地盤算，但實際上這會使利潤減少二十％。

從未仔細考量定價的人一看到這個簡單的計算範例，往往都會大吃一驚，接著就會開始計算沒有好好考量定價（連試圖調整售價也沒有），或是沒有計算打折對利潤的影響，究竟讓自己錯失了多少收入和利潤。然而，隨意定價的作法卻出乎意料地普遍。以我常去的物理治療診所為例，我一參加完試用療程，甚至都還沒報名全價療程，他們就給了我一小時五十美元的折扣。那我一共參與了幾次療程呢？大概是四十次，等於他們少拿兩千美元的利潤。假如診所一年有兩百名患者跟我一樣的話，那就等於他們少賺了四十萬美元。在未來五年當中，光是折扣政策就會讓這間小診所輕易損失掉兩百萬美元的淨利潤。

所幸現在已經有調查和定價相關的成熟技術[3]。舉例來說，在需求直接且選擇眾多的情況下，絕大多數的顧客傾向挑選中間價格，這份見解可以幫助我們設定價格點（price point）[4]。此外，像是聯合分析（conjoint analysis）等更先進的技術，還能建立購買意願與產品或服務的特定屬性之間的關聯。縱然不確定性勢必存在，但是大多數人都能嘗試改變定價。尤其是進行線上銷售，或是在企業對企業（business-to-business）的環境走傳統顧問式銷售流程的人，更應該試試看。

簡而言之，由於價格優化不僅能提高每次銷售的邊際貢獻（contribution margin），也有望提升銷量，因此我們得出第二項方針：積極管理價格，把握可見收入。

請記得：制定價格就像刷牙一樣，不會只做一次就忘了有這回事。隨著產品、品牌、知名度和品類持續成長，我們必須不斷調整售價，才能確保收入不被隨意犧牲。

贏取更多顧客VS提升顧客忠誠度

既然我們已經談了定價，那麼現在該討論一下數量問題。請問：吸引新顧客或鼓勵現有顧客買更多，何者更能提升銷售量？

雖然答案非常明顯，但很多人還是繼續忽視這個事實：品牌的成長主要來自吸引更多顧客，而非強化忠誠度。這點值得詳細探究。

我們先從一個極端的例子開始說起，並假設這次採用了忠誠至上（loyalty only）策略。由於我們深信一句廣為流傳的格言：得到一個顧客比留住一個顧客的成本更高；因此我們決定只忠於一個顧客，全心全意地關注對方。這樣的話，到底會出哪些差錯呢？

首先，顧客將會主導局勢。如果他們想要得到折扣，擁有更好的付款條件，或是大開支票的話，我們除了答應之外別無選擇，只能眼睜睜看著利潤蒸發。此外，如果他們因著某個緣故不再購買產品的話，我們的企業將會在一夕之間崩盤。

雖然只有一名大顧客顯然是很糟糕的主意，但是這種情況也很常見。許多企業逮到一名大客戶之後，就會使出渾身解數討好對方，不再尋找新的生意機會。後來有一天，這位大客戶的領導階層、採購政策出現變數，或是開支遭到刪減，結果——砰！企業跌進了萬丈深淵。

舉例來說，波音七三七MAX的安全問題，導致主要收入來自波音的供應商陷入危機。由於波音公司停止生產是預料之外的情況，再加上其他顧客不多，導致這些企業立即陷入困境[5]。

相反地，企業擁有許多顧客的話，不僅能限制各別顧客的議價能力，也能保護利潤。既然我們在考量環境本身的不確定性，那麼擴大客群就是一種降低風險的好方法，因為我們就算流失了一些顧客，也還有其他客人。我們勢必會流失一些客人，畢竟顧客往往會基於我們無法掌握的因素，選擇不再購買產品。這也正好呼應了本書的主題。

雖然有些顧客確實會因為服務品質不佳而離開，但這種情況其實不常見，這項事實與普遍的看法恰恰相反。我以一篇研究金融服務品牌的論文為例，文中的結論是：服務差勁僅佔顧客流失成因的四%，而高達六十%的流失都是源自於行銷商無法掌控的因素[6]。

顧客停止購買的原因往往跟自身情況轉變有關。他們可能不再需要我們提供的服務；可能決定換份工作，或是去其他地方就職；也可能只是想稍微改變一下。畢竟就算有一間喜愛的餐廳，也很少人每次外食都去同間店吃飯。然而，許多高階主管卻依然相信忠誠計畫可以大幅降低顧客流失，甚至可以預防這個問題發生；但是這些計畫反而削弱了高消費顧客的獲利。

不過，請等一下。要是我們能大幅減少流失的顧客人數呢？假如我們能維持目前的顧客佔有率，這樣的成長策略難道不安全嗎？把水倒進漏水的桶子裡，豈不是很蠢？

沒錯。要是產品失去競爭力，導致顧客蒙受損失；或是企業捲入了醜聞，又或是顧客被糟糕透頂的服務趕跑，這些問題都需要緊急處理。無論如何，讓顧客滿意是所有企業的命脈；要是滿意度太低的話，很可能會影響到企業吸引新顧客的能力。畢竟 TripAdvisor、Yelp 或 TrustPilot 上數百條的一星評論，根本吸引不了潛在顧客。當然，我們應該盡力留住現有顧客，並提高他們的消費額。這點稍後再談。

更實際的問題是：留住顧客是否能比贏取顧客提供更大的成長潛力？我們又該為二者各自分配多少資源？有了正確的數據，我們就能解決這些問題。

比方說，每年都會有四分之一的顧客離開，但我們透過促銷和行銷活動吸引新顧客，以填補這些空缺。為了方便討論，結果就是維持四%的穩定市佔率。

如果我們能透過某種方式，留住一〇〇%的顧客（先別管這種事的可能性）；假設顧客佔有率維持不變的話，我們最多能增加一%的市佔率。但是，假設市場上四分之一的顧客正在換品牌，要是我們能拿下他們所有人的話，那麼市佔率理論上會成長多少呢？

絕不只是留存策略提供的一%而已，而是二十五%——機會更大，把握這個機會就像是用消防水帶填滿漏水的桶子。然而，選擇贏取策略的理由還不只這些。實際上，顧客的忠誠度會隨著客群擴大而提升，也就是雙重危機定律（the law of double jeopardy）的結果[7]。請容我解釋一下。

成熟品牌的收入比例並非按照眾所皆知的八十／二十法則，過半的收入反而通常來自消費力前二十％的顧客，其餘則來自大量的小買家（light buyers）。這群小買家較少消費，因此通常會購買他們記得的品牌，或是現成的品牌，又或是兩者兼具的品牌——這對最大的品牌而言相當有利。即使你不怎麼喝咖啡，你應該也聽過星巴克，而且每個街角似乎都有一間分店，這樣消費就更容易了。

以上就是雙重危機定律的由來。小品牌的顧客比較少（第一個危機），平均忠誠度也比較低（第二個危機）；畢竟小買家往往會被更知名、更容易消費的品牌龍頭吸引。

這就說明了領導市場的品牌為何能坐擁廣大客群，不只有少數的高消費顧客，更擁有大量的小買家。不過，富國銀行（Wells Fargo）似乎是一個例外，因為顧客一度對該銀行的產品欲罷不能，導致雙重危機定律不適用於此。然而，這個現象背後的原因其實很簡單：規模空前的詐騙[8]。

雖然雙重危機定律可能與普遍的「高度參與、忠誠第一」成長策略產生激烈衝突，但是過去七十年從各地、各行業收集到的證據，都能證實這個定律的價值。小買家不容忽視：他們不僅人數眾多，而且贏得他們上門光顧的機會也很多。相比之下，大買家（heavy buyers）恐怕已經達到了自身購買力的極限。

這不僅能吸引更多非顧客和小買家光顧，給予品牌成長機會，也能幫忙建立口碑。真正散播消息的人並非長期的忠實顧客，而是新顧客——這與普遍的觀點恰好相反。請想一想：比起日常瑣事，或是幾十年來的生活例行公事，我們更有可能討論最近購買的商品或是新奇的體驗[9]。因此，我們在證實這些研究的過程中，得出了另一項方針：請持續獲得更多顧客。

然而，根據高德納諮詢公司（Gartner）於二〇二一年發表的研究指出，七十三%的行銷長還是打算在未來一年僅靠現有顧客來推動成長[10]。雖然規避風險的念頭也許能解釋這種策略性失誤，但也許只是純屬無知。不過，另一個可能的原因是：人們很容易誤判數據。若是不曉得雙重危機原則，我們恐怕會以為市佔率低是因為忠誠度不高，但其實是市佔率不高才導致忠誠度低。因此，我們可能會加倍重視顧客留存率——這個策略大錯特錯。

若是難得看到一間客群很小的品牌，擁有非比尋常的高忠誠度，我們通常會覺得他們一定具備什麼特點或是神奇之處；而不會認為他們只能讓少數性質相似的顧客滿意，並不擅長贏取新顧客——雖然這個解釋的可能性更高就是了。市佔率也扭曲了滿意度評分，導致數據變得更模糊不清。背後的原因其實很簡單，道理一點就通：顧客越多，需求範圍也會越大，所以更難讓所有人滿意。

這就是全球暢銷書的評分比想像中低的原因。一旦你的書賣出幾十萬本，甚至幾百萬本，你就一定會遇到不滿意的讀者。只給一顆星：因為《哈利波特》（*Harry Potter*）的巫師太多了。

企業也是如此。顧客較少的小品牌，滿意度通常比較高；大品牌的滿意度往往比較低。舉例來說，根據 **J. D. Power** 的數據顯示，富豪汽車（Volvo）在二〇一八年的美國顧客滿意度排行榜上位居第一，而福特汽車（Ford）則是排行倒數。然而，福特汽車的銷量卻是富豪汽車的十七倍[11]。

如果你是福特汽車的話，你可能看完這些評分得出的結論是：必須徹底改善顧客體驗才行，評分太低看起來很不妙。然而，福特汽車的顧客服務可能並不像評分顯示的那麼糟，只是這間公司有更多顧客要取悅而已。研究指出在這種情況下，追求更高滿意度和提升市佔率是無法共存的理想[12]。

一想到有多少消息不靈通的決策皆源於誤判數據，讓我不禁瑟瑟發抖；不過，我也很慶幸自己擁有一群對數據瞭若指掌的同事。

心理顯著性和購買便利性

將注意力直接轉向顧客贏取之後，現在得考慮該用什麼方法吸引更多顧客，以下有兩個選項：提升心理顯著性（mental availability），讓顧客購物的時候更容易想到我們的產品；或是提高購買便利性（buyability），讓產品或服務更好買，也更有吸引力[13]。正確答案是：雙管齊下。我們希望兩種方法齊頭並進，而且要是成功辦到了，兩者都能提升現有顧客的回購率。我們先一次探討一種方法，首先從心智顯著性開始說起。

購買需求浮現的時候，我們自然希望越多潛在顧客想到我們的品牌越好，也希望品牌能在這場競爭中獨樹一格、脫穎而出——以上兩者都能提高購買機率。努力實現這些目標之際，我們必須留意建立心智顯著性的三個關鍵：觸及率（reach）、關聯性（relevance）和識別度（recognition）[14]。

■觸及率、關聯性和識別度

若想建立品牌的心理顯著性，那麼首要考慮的就是活動的目標客群。所幸雙重危機原則已經提供了解答。正如我們所知，品牌的成長主要來自贏取新顧客，絕大多數的顧客都是小買家，而且要讓大買家買更多並非易事。由於非顧客和小買家更可能具有成長空間，因此接觸他們是一大關鍵目標。除此之外，我們接觸小買家的時候，大買家和其他顧客也一定會注意到。由於顧客贏取通常是從滿足相似需求的競爭對手那裡搶走顧客，因此成功率最高的策略，就是瞄準整個類別的客群。

Quorn是一間生產肉類替代品的公司，它用行動證實了這項原則。如果你是Quorn的話，你可能會想把產品推銷給顯而易見的目標買家：素食主義者。然而，素食主義者在總人口中所佔比例很低，所以這種策略提供的成長潛力相當有限。Quorn對此了然於心，因此它將自己的定位調整成健康飲食品牌，此舉大幅提升品牌魅力，吸引到更多潛在買家。這項滲透策略（penetrationbased）讓Quorn在二〇一一年底成長了六十二%[15]。

Quorn的例子也說明了建立心理顯著性的另一項重要原則：將品牌、產品或服務與情境誘因串聯起來的關鍵，也就是所謂的品類進入點（category entry points），這能幫助買家想起能滿足其需求的相關品牌。舉例來說，就好比Quorn會讓人想到健康飲食，咖啡等產品的品類進入點可能就是「起床」、「精神不振」、「跟朋友聚一聚」或是「休息」。如果是香檳的話，品類進入點可能就是「慶祝」、「奢侈感」、「為朋友買特別的禮物」或是「出門狂歡」[16]。

因此，建立心理顯著性的關鍵就是運用廣告和傳播策略，將品牌與買家心中的品類進入點連在一起，以建立品牌的相關性，這會提高買家消費的機率。

不過，在實務上到底該怎麼做才好呢？

首先請記得：成立新品牌的時候，主要目標並不是讓潛在買家明白我們的獨特之處，而是讓品牌能夠連到買家心目中的某個類別。這項基本目標經常遭到忽視。

例如，人們常說新創公司若想要大獲成功，就該嘗試創造一個新的品類。然而，若是將這個想法融入傳播策略和促銷活動，那麼問題就來了。因為消費者的思考方式很明確，就是：需求、品類、品牌。例如：更多自然光、窗戶、Velux。

也就是說，我們得將品牌與買家已知的品類連起來，不然購買機率就會很低。即使是高度創新的產品，在定位上也得採用熟悉的品類，才會讓人願意購買。比如特斯拉剛開始行銷的時候，產品定位並不是半自動化電動車，而是零排放汽車。因為特斯拉知道「汽車」和「排放」對買家來說已是熟悉的概念。

我們應該了解的第二件事是：並非所有品類進入點都一樣重要。因此，我們應該著重於最相關、最常見的品類進入點，也就是最有可能吸引人消費的特點。像是可口可樂（Coca-Cola）連結了「解渴」、「大熱天」或「家庭聚會」等品類進入點就很合理。如果把可口可樂跟「血漬」（聽說它去除血漬的效果不錯）或是「調成Kalimotxo」（一種混合可樂與紅酒的西班牙調酒，我光聽就覺得很可怕）連在一起，都不是明智的作法。

最後，既然我們的目標是銷售，那麼核心策略就不該將重心只擺在一、兩個品類進入點上，而是讓品牌連結更多的品類進入點，好在更廣大的購買情境下維持品牌的關聯性。這就是另一項提升成功機率的成長方針：盡可能向更多潛在買家傳播品牌的關聯性。

然而，要是產品不好認的話，這些策略也會大打折扣。以我這裡的超市為例，有一個貨架從前方收銀台一路延伸到後方的肉品櫃檯，總長約八十英尺，上面擺了各式各樣的燕麥脆片。雖然我相信每個牌子的燕麥脆片都很美味，但是我該怎麼選擇才好呢？如果這件事都讓我這麼困擾了，那麼製造商一定也覺得很苦惱。他們千方百計地拿到大型連鎖超市的配送通路，結果卻發現自己的產品被埋沒在其他品牌當中。

為了避免這個常見的問題、提高銷售機率，我們必須培養並堅持使用獨特的品牌資產，好讓產品更引人注目、更好找[17]。保時捷九一一（Porsche 911）的車身輪廓以及可口可樂的瓶子形狀都是獨特資產的絕佳範例，T-Mobile 吸睛的洋紅色標誌和麥當勞的金色拱門也是，其實這兩者跟手機或是速食都沒有關聯，就像喬治．克隆尼（George Clooney）和咖啡或龍舌蘭酒在本質上毫無關係一樣。然而，即使獨特資產單獨拆開來看不具意義，但還是能完美發揮功用。

我們也可以將這份獨特性延伸到視覺之外的範疇。正如我們都會發展出一套獨特的語調或說話方式，我們也可以擴大版圖，打造出獨特的店內體驗或是專屬體驗。這兩種方式都能幫助品牌更容易讓人記住。

我們絕對不想使用跟競爭對手一樣的風格、基調或配色，導致產品遭到埋沒；更不想為了求新求變，反而取代了現有的獨特資產，導致品牌識別度受損，購買率下滑——這正是某些高調案例的經驗。

純品康納（Tropicana）先前決定撤換長久以來的包裝，不再使用一眼就能認得的普通包裝。此舉讓消費者相當困惑，而且一下子就被推翻了。這項耗資五千萬美元的計畫，導致銷售額在兩個月內下滑二十%[18]。無獨有偶，Gap在二〇一〇年也換掉了公司的經典標誌，改成一個像是用PowerPoint草草完成的圖案。結果換了七天之後，又改回原本的標誌，同樣花了一筆鉅額的冤枉錢[19]。學到了前車之鑑，我們現在多了另一項成長方針：培養獨特資產，提升品牌識別度與記憶點。

然而，若是產品和服務無法購買的話，品牌擁有再高的知名度也無濟於事。理想的情況是我們能在顧客需要的時間和地點提供產品或服務，不僅容易挑選又好買，而且也適用於廣泛的購買條件或需求——以上這些都能提升購買機率。現在就讓我們好好探究這些選項。

■ 選擇管道和區域

如果想讓更多人更容易取得產品或服務，第一步就是運用顧客眼中最方便的慣用管道進行銷售[20]。

例如，不少品牌在大型電商平台、實體零售店、自家的網站和商店都有銷售服務，也會讓顧客利用電話或是自動服務機購買產品。企業盡可能運用多種熱門管道銷售產品，就能提高購買率。

只不過，他們通常都不是這樣起家的。很多產品一開始都是上門兜售，把產品從後車廂拿出來賣，或是賣給朋友。等到消息傳開之後，企業可能就會建立一間小店面或是推出電商服務，從此開始擴大版圖。

另一個選項是：品牌不僅要運用更多管道，也得涵蓋更多區域。對於許多企業來說，在更大的區域銷售產品就是一個顯而易見的成長策略，這樣就能服務更多顧客，但前提是我們得在這些區域建立知名度。這也提供了另一項方針：涵蓋更多管道和區域，大幅提升產品的可及性。

不管透過哪個管道，或是在哪個區域銷售，我們不僅要讓顧客買得到產品，也得讓產品更容易選購才行。我們需要降低購買門檻，才能做到這一點。現在我們就來看看以下門檻。

降低購買門檻

購買門檻可分成三類：

一、操作門檻：安裝問題、相容問題和配送區域受限等等。

二、體驗門檻：可試用性（trialability）、選擇癱瘓（choice paralysis）、交易繁雜、需要訓練並具備專業知識，或是與顧客的使用習慣衝突。

三、經濟門檻：預付價格或是使用新產品的轉換成本[21]。

任何一道門檻都能決定成敗，也會影響我們贏取顧客的能力。因此，找出潛在門檻並盡力降低標準，此舉意義重大。

我們可以允許顧客透過分期付款來分擔產品費用，讓價格點更平易近人。如果我們是一間軟體公司的話，可能會想確保從競爭對手的系統匯入資料到我們的系統是很容易的，這樣就能降低潛在顧客的轉換成本。我們還可以讓顧客試用產品或服務，這樣他們就能更快體驗到好處，不僅沒有經濟風險，也能讓他們輕鬆選購合適的產品。

訂閱制的酒莊企業 Winc 就是一個絕佳典範。Winc 不會假設顧客是不同葡萄、地區或品牌的專家，也不會要求他們仔細瀏覽上千瓶葡萄酒之後，挑選出最喜歡的酒。Winc 反而讓顧客參加一項分析測驗，並回答一些問題，像是：喝咖啡的方式、食物口味重不重鹹等等。接下來，官方網站就會推薦顧客最有可能喜歡的葡萄酒。Winc 自從二〇一二年成立以來，事業依然蒸蒸日上。

但不管是哪一種行業，顧客都會跟葡萄酒的潛在消費者一樣，遭遇類似的挑戰。因此，我們得出了另一個可以提高成功機率的成長方針：系統性消除購買和採用門檻，才能大幅提高顧客轉換率。

■擴大範圍

提高產品或服務購買便利性的另一個方法是：涵蓋更廣泛的購買情境。其中一種作法是：採用單純的版本設定策略，允許人們購買不同尺寸、不同品質或不同功能等級的產品。另一種作法是：滿足顧客目前轉向競爭對手索取的需求，藉此提升荷包佔有率（share of wallet）。這是一個管理術語，意即與競爭對手相比，顧客在我們這裡消費的金額比例。

假設我會去兩個品牌購買雜貨。A牌的店面小巧精緻，提供優良的顧客服務，商品種類雖然較少、價格較貴，但是品質相當好。B牌雖然店面很大，但是並沒有那麼吸引人，服務也很單調，不過商品種類繁多，而且價格實惠。因此，我會在A牌購買新鮮水果、蔬菜和魚肉類；在B牌購買平凡無奇的日用品。

A牌可能會竭力提升食物品質、顧客服務或店面氛圍，他們可能覺得這些是提高滿意度的重要推手，能夠影響顧客對他們的認知。但是他們這麼做並不會讓我消費更多，我還是會購買B牌的商品，因為二者滿足的需求並不一樣。同樣地，B牌可能會盡量降低價格，但是這也不會讓我在A牌少花一點錢。雖然改善現有優勢有望提升滿意度，但是對所有品牌來說，推動成長的大好機會是滿足顧客轉向其他品牌購買的需求[22]。

舉例來說，A牌可以推出低價系列商品。大西洋兩岸的高檔超市就是採用這個策略，英國的維特羅斯超市（Waitrose）就推出「必需品」（Essentials）系列，裡面剛好有笛豆（flageolet beans）、阿登尼斯豬肝醬（Ardennes pâté）、賽普勒斯的哈羅米乾酪（halloumi）以及直升機燃油（這確實是必需品）。美國的全食超市（Whole Foods）也推出了類似的「365」系列，瞄準對價格更敏感的買家[23]。

這麼做雖然不至於勝過對手，但是足以抵消對方的先天優勢。維特羅斯和全食超市的超值商品可能還是比競爭對手貴一點，但是也便宜到能讓顧客心安理得地購買高品質商品[24]。

然而，不少品牌卻誤以為滿意度和成長動力密不可分，因此不斷精進早已勝過競爭對手的優勢，而不是讓顧客決定停止購買他牌商品——這才是更具吸引力的成長方法。

因此，我們可以憑藉產品版本設定，滿足範圍更廣大的價格點和需求以推動成長。換言之，我們可以擴大範圍，以涵蓋更廣大的購買情境和需求。

■持續精進

把握上述機會之餘，我們絕不能忘記企業成功的根本是為顧客創造價值。他們對價值的認知越深，我們就越有可能成功。不過，價值究竟從何而來呢？一共有四個潛在的來源。

首先，最重要的就是產品或服務本身的功能和費用。再來就是品牌的吸引力，包含與之相關的特定品質、品類或是期望等等。

知名度也很重要：人們無法重視完全不曉得的事物。他們有購買需求的時候，也習慣找到更有吸引力、更容易想起來的熟悉品牌、產品或服務。

最後是顧客體驗，也就是顧客與我們之間的長期互動。卓越的顧客服務、產品試用期、購買經驗、售後服務等顧客體驗，都能成為產品的附加價值。

我們或多或少都已經談到了價值創造的所有層面，像是：強調建立心智顯著性有多重要，以及產品的版本設定必須提供什麼樣的好處。

然而現實的情況是：期望通常會隨著時間越來越高。當然，在品牌、產品或品類推出的早期，所有層面都有很大的改善空間，尤其是產品或服務本身的效能。舉例來說，我現在看著桌上的物品，就看到了一個外接硬碟，它的儲存空間在二十年前是難以想像的天文數字；還有一支智慧型手機，它的處理能力、電池續航力、鏡頭和作業系統都遠遠勝過第一個版本；以及一台筆記本電腦，它比上一個版本重量更輕、運作更快、螢幕解析度更高。

我也在思考這些產品的購買方式出現了多大變化。我最近網購了一款頭戴式耳機，下訂不到兩小時就送到了我家門口——這項物流壯舉令人印象深刻。但是我覺得，這樣的服務很快就會變得稀鬆平常。

正如企業家簡納德曾言：「世上所有事物都能變得更好，也將會做得更好……唯一的問題是『什麼時候？是誰做的？』」[25]我們的回答應該是：「就是現在，就是我們。」請記得：如果我們創造了未來，就不必預測未來了。

是的，我們有可能做出超越顧客需求的產品，但是我們也很容易忘記一個事實：我們正在和不斷攀升的期望賽跑，這些期望會促使我們繼續改善產品、服務和顧客體驗。在這個眾說紛紜、一團混亂的世界裡，我們必須持續投資品牌和知名度，才不會被人遺忘。

既然不思進取只會引發災難，那麼我們就需要考量另一個成長方針：持續精進，加深顧客對價值的認知。

若要充分發揮價值創造的成果，我建議採用綜合方法，將價值訴求視為核心連結。如果透過傳播設下的期望能在現實中成真，我們就能憑知名度、品牌建立和顧客體驗的成果大大獲益。同樣地，只要產品和服務能無縫融入更廣大的顧客體驗，我們就能為顧客創造更多價值。只要我們能打造出與眾不同的顧客體驗，就能進一步強化品牌。若是能辦到這些事情，並確保品牌的長進有目共睹，我們就能運用其他形式來留住顧客。

Patagonia 服裝公司就是一個絕佳範例。他們透過實際行動、捐款給民間組織、產品開發以及免費維修等服務，降低對環境的影響，藉此積極展現品牌的環保價值。他們的顧客服務一直都很優秀，產品的設計與製作都相當精良，價值創造的各個層面彼此效果加乘。這也解釋了為何我在撰文之際，身上穿的就是 Patagonia 的刷毛外套、長褲和內褲。

開發與探索

到目前為止，我們考量的成長方法都是以開發（exploitation）為主：發展現有的產品線、服務，或是已經達成產品市場媒合度的事業。然而，蜜月期總會結束。優勢終究會被抵消，品類也會趨於飽和或是下滑，導致獲利不如從前。很可惜，開發的潛力相當有限。

然而，開發並不是唯一的選擇。我們也可以選擇探索（exploration）：打造全新的產品或服務，甚至是完全不同的品類。為了充分發揮成長潛力，我們必須雙管齊下：開發現有機會，並探索全新契機。

為什麼呢？開發的理由顯而易見。下了一番苦功、經歷重重風險之後，新投資案總算起飛，那麼自然沒有道理錯失眼前的利益。在競爭激烈的市場當中，不進則退。

不過，若要替未來播下機會的種子，探索也是不可或缺的，而且潛在收益可能更龐大。因為我們可以成立額外的投資案，而且要是成功的話，這些投資案也能透過開發持續成長。

正如傑夫・貝佐斯在一封致股東信上的解釋：「有時候在業界（實際上是常常），你確實曉得自己要前往何方。只要你了然於心，就會效率十足。計畫就位，確實執行。」

「相比之下，」他繼續說道：「漫無目的的遊走毫無效率……但也並非隨意為之，而是……因為我們堅信能為顧客帶來豐厚的回報。所以在實現目標的路途中，即使有點混亂又偏離主要道路也是值得的。漫無目的是平衡效率的要角，兩者都得運用才行。『非線性』的重大發現，通常需要靠漫無目的才能尋得[26]。」

明白探索和開發的循環有多重要之後，我們現在可以解決一個悖論，只是在行銷和產品開發領域似乎很少人明白這點：著名的企業家通常以顧客為中心，較不在意傳統的市場研究。

原因很簡單：絕大多數的市場研究技術都是以開發為主，協助品牌創新以因應顧客需求，因此主要提供的是線性回報。這些方法在開發的前提下雖然很有價值，但是在充滿不確定性的世界裡，我們必須探索、下注、發展有前景的構想，並扼殺其他點子，因此這些方法恐怕派不上用場。為了達成目標，我們需要和不確定性自在共處，願意為顧客承擔風險、積極創新，畢竟我們無法取得未來的數據。

某種程度上，這也解釋了為何很少大公司能進入並主導其核心業務以外的潛在未來市場，而且往往錯過了大量的機會：因為這些公司極度排斥不確定性。公司的規模越大，也就得把握更大的機會，才能達成宏偉的成長目標。如果公司的年營業額是一百萬美元，那就需要多出十萬美元的收入才能成長十％。倘若年營業額是一百億美元的話，那就需要多賺十億美元才能達成相同的成長率。考量到多數的成熟市場相對停滯且競爭激烈，這會是個很高的要求。

面對需要大量資金湧入以滿足股東和行業分析師的局面，著重於開發似乎會比探索更容易，風險也比較小。市場若是看起來很小，而且充滿了未知風險和不明優勢，那麼即使它正在快速成長，也沒有什麼吸引力可言。這種市場無法滿足公司龐大的胃口，而且它能在未來提供什麼也完全是未知數。因此，規避風險的高階管理者通常很討厭探索，他們認為批准一項可能失敗的企劃是不負責任的行為。不過，雖然探索是把小賭注押在大多數可能失敗的企劃上；但是只要押對一項，就能獲得驚人的成果。

開發雖然看起來效率斐然、成效十足、合乎邏輯而且更好預測，但依然有所缺欠。從長遠的角度來看，全力改善現有產品或服務其實伴隨著風險。如果等到一個新市場變得夠大、夠穩定才有興趣投入的話，那時我們就會發現，過程中不斷摸索、測試並學習門路的品牌早已拿下了這個市場[27]。

那麼，我們該怎麼辦才好呢？

若要採用上一章提到的創業方法，我們就需要以可承受的損失為根基，並對前景看好的新構想下注。雖然某些點子可能不會成真，但是只要有一次大獲成功，就足以彌補先前的失敗。

IAC 還是 Match.com 的母公司時，採取了一種探索性質的成長方法，就是對自己的創業孵化器 Hatch Labs 提供六百萬美元的資金[28]。他們只成功了一次，但那次恰好就是推出了約會應用程式 Tinder。如今，Tinder 本身的市值高達數十億美元[29]。若是讓 Match.com 選擇逐步改進的話，那麼永遠都無法企及相同的成果。

另一個振奮人心的例子是數位設計工作室 Ustwo，其主要工作是為客戶設計網站和應用程式。由於這是以工時和材料（time and materials）為主的業務，所以依靠開發成長是相對線性的作法，例如：招募更多員工或是擴大辦公室，好為更多客戶服務。然而，Ustwo 也採用了探索性質的發展策略，他們結合了非凡的才能和創造力，製作出一款電腦遊戲《紀念碑谷》（Monument Valley）。Ustwo 花了一百四十萬美元進行開發，而這款遊戲在四年內就賺進兩千五百萬美元的收入，等於開發成本的十七倍。如果 Ustwo 只專注於發展公司業務，絕不可能獲得這筆鉅額報酬[30]。《紀念碑谷》也帶來了加乘效果，提高 Ustwo 的品牌知名度，也為核心的設計業務招來了更多客戶。

因此，最後一條成長方針是：開發現有機會與探索新品類雙管齊下，大幅提高成長潛力。

十條成長途徑

一、財務若是健全，請著重於收入成長，而非降低成本。
二、積極管理價格，把握可見收入。
三、持續獲得更多顧客。
四、盡可能向更多潛在買家傳達品牌的關聯性。
五、培養獨特資產，提升品牌識別度與記憶點。
六、涵蓋更多管道和區域，大幅提升產品的可及性。
七、系統性消除購買和採用門檻。
八、擴大範圍，以滿足更廣大的購買情境和需求。
九、持續精進，加深顧客對價值的認知。
十、結合開發與探索，大幅提高成長潛力。

不過，我們如何在實務中運用以上方針呢？我們可以採取兩種方法：一種是超級簡單的由上而下法（top-down），另一種是稍微複雜一點的企劃為本法（project-based）。

確定你的成長策略

由上而下法的目的是找出最大槓桿點（最有可能提供最高潛在報酬的成長機會），並將其列為商業優先事項。

例如，有些企業從未考量最基本的定價問題；有些企業沒有投入足夠的心力來贏取新顧客。然而，更多企業雖然擁有極高的知名度，但是卻因為某些門檻提高了購買難度，導致顧客轉換率和贏取顧客的成本慘不忍睹。有些企業太過重視推升滿意度的要素，結果忽略了未滿足的需求。有些企業面臨更基本的大問題：產品和服務毫無競爭力可言。

因此，我們應該從批判的角度評估營運，並尋找最適合品牌情境的成長機會。達美樂披薩（Domino's Pizza）近乎奇蹟般的翻盤就是一個絕佳範例：在執行長帕特里克．道爾（J. Patrick Doyle）的領導下，股價上漲了一三〇〇%[31]。

達美樂陷入低潮的時候，最明顯的問題就是披薩本身，味道簡直糟糕透頂。因此，他們開始改良食譜，把披薩做得比勁敵的披薩更好吃。接著，他們開始改良基本的顧客體驗。舉例來說，他們引進了現在很有名的披薩追蹤器（pizza tracker），可以讓顧客看到訂單進度，一下子就強化了顧客對核心價值（味道和方便）的認知。

達美樂如火如荼地進行改善之餘，也發起了一項極具創意的品牌活動，吸引人們的注意：他們承認自己搞得一塌糊塗，並說明他們為此做了哪些事情。

接下來，達美樂撒下重金投資科技，盡可能讓購買過程輕鬆無負擔。現在，除了達美樂的實體店面、網站或應用程式之外，你也可以透過其他琳瑯滿目的管道訂購商品，像是：Alexa、Slack 或是某些福特車款的儀錶板[32]。如今，達美樂超過六十%的銷售額都是來自數位管道，而非電話或櫃檯點餐等傳統方法[33]。

達美樂採用了由上而下法，也確實奏效了。然而，情況並非總是如此。即使領導階層能制定出說服力十足的策略，企業的成功仍取決於每位員工明白並依照相同的策略來執行計畫，但是這種情況並不常見。事實上，正如多年來的研討會與客戶參與（client engagements）所示，如果高層的你向下探訪基層，就會發現很少人對公司的策略瞭若指掌。此外，你可能也會陷入政治泥淖，經歷部門之間的勾心鬥角。

這個問題是大型組織的部門架構和專業分工所導致的結果——產生出部落主義紮根的絕佳環境，各部門都有分配的預算也導致問題變得更複雜。社群媒體團隊把錢花在社群媒體企劃上，顧客服務團隊把錢花在改善顧客服務上，行銷企劃團隊把錢花在廣告上——錢就是這樣花的。

因此，難題變得有點不一樣：我們要怎麼確保部門的行動能幫助企業成長？關鍵就是將技能和資源視為達成目標的方法，並且根據我們對公司環境理智且廣泛的分析，將兩者與最具前景的成長機會結合起來。此外，我們應該評估為這些機會效力的企劃與構想有何價值。

舉例來說，顧客體驗的專業人士往往認為只要著重顧客留存率、忠誠度以及討好大買家的企劃，他們就能為組織帶來最高的價值。這種信念非常危險，而且在某種程度上也解釋了為什麼許多方案的報酬率都不高。

客群、購買行為和競爭環境的分析可能會顯示出完全不一樣的結果：他們的企劃應該著重在為新顧客打造更順暢的購物流程，並改善小買家整體的體驗，畢竟小買家的荷包佔有率更容易提升。他們也需要了解哪些未滿足的需求會把顧客送到競爭對手那裡，藉此明白初級研究的價值。到了這個階段，他們可以著手解決導致現有客群不滿意的主要原因：針對違約的防禦性措施及成長策略。當然，他們也可能得出完全不同的結論：企業面臨的最大挑戰是知名度低。在這種情況下，他們可能會著手打造出不同凡響或令人難忘的互動體驗，引起潛在買家注意。

不管是哪種方法，只要看見機會，就可以提出一個強而有力的企劃案，說服管理階層提供資金，並進行實驗來測試構想。

當然，這一切都取決於公司內部是否願意跨越部門界線，擴大決策者的商業知識，進行實驗，並依照證據做出決策——這剛好無縫接軌到最後一章的重點。下一章會討論在不確定的世界中，領導能力、人力管理以及文化將如何決定成敗。

本章摘要

- 雖然任何企業都不該浪費錢，但是成功的企業往往不會選擇降低成本，而是提高收入來追求成長。
- 價格的變化會對利潤率造成舉足輕重的影響。積極管理價格是把握可見收入的關鍵。
- 品牌的成長主要是透過贏取更多顧客，而不是提高忠誠度。
- 提高心理顯著性和購買便利性能吸引到更多顧客。

- 為了提升知名度，我們應該著重於觸及率、關聯性和識別度。
- 涵蓋更多銷售管道和區域能改善購買便利性。
- 確保品牌、產品和服務與眾不同，有助於提升識別度。
- 降低購買的操作、體驗和經濟門檻可提高銷量。
- 另一種選擇是擴大範圍，涵蓋更廣大的購買情境，迎合未被滿足的需求，避免顧客因此選擇競爭對手。
- 我們必須持續精進四個層面，以提高顧客對價值的認知：改善產品或服務、強化品牌吸引力，提升知名度並改善顧客體驗。
- 為了充分發揮成長潛力，開發（發展現有的產品線、服務或業務單位）及探索（創造全新機會）必須雙管齊下。
- 理想的成長方法是發現最大槓桿點（提供最大潛在報酬的成長機會）並專注於此。
- 部門企劃應根據最合時宜的成長領域進行構思與評估。

第八章

給領導者的忠告——在變化莫測的世界中運籌帷幄

我認識的人都有雷點，我自己也不例外。我的其中一個雷點似乎在每場專題討論或會議上都會出現：把「我們需要改變文化」當開頭的嚴肅獨白。

我聽過好幾次「我們需要改革銀行業的文化」。順帶一提，這到現在都還沒成真。新上任的執行長若是肩負著擺平公司醜聞的重責大任，那麼他們向顧客、監管機構和員工道歉的時候，通常都會把「改革企業文化」當成口號。我也相信這些改革對大家都好。既然如此，為什麼這種說法會惹毛我呢？

我的怒氣有一部分源自老套說法和現實之間的落差太大。今天的待辦事項有什麼呢？讓我看一下……「買蛋、領取乾洗衣物、改革價值數兆美元的全球產業文化」。雖然飄出了一絲迂腐的味道，但是我對此沒什麼好抱歉的。人們說：「我們需要改革文化」的時候，動詞和受詞之間的關係就暗示了文化實際上是可以更改的，就像汽車輪胎可以更換一樣。

但文化才不是這樣。文化是無法直接操控的，你不可能把它抬起來再換個位置。除此之外，「改革文化」這種聽起來無害的言論也違背了文化本身的目的：「透過強化行為規範，並緩和改變的外力，為社會群體提供穩定和凝聚的力量。」因此，文化的核心特質就是反對改革。

但是，這並不代表文化就是一成不變的。文化會演進，也確實正在變遷當中，但通常都是透過深思熟慮的行動來改變人們的行為。文化的手足——尤其是領導能力和管理方法——也是關鍵的考量要素。若要將本書內容應用於個人以外的層面，那就需要具備某些企業特質。這些特質都會直接影響雇用、管理和獎勵員工的方式。

例如，提出「我們必須願意接受失敗」是一回事，但是領導者如果不同意的話，那我們就有麻煩了。同樣地，提出「參考多元觀點以做出較佳決策」確實很棒，但是如果組織內部所有決策者的年紀、性別、國籍、社會階級和種族都一樣，教育程度也相同的話，這種事情怎麼可能辦得到？

秉持著上述看法，最後一章要探討面對不確定性的環境時，成長茁壯所需的組織特質有哪些。首先，我們要來質疑目標本身的價值，這聽起來有點諷刺。

破壞性的目標追求

幾年前一位朋友宣布，他已經開始為幾個月後艱辛的超級馬拉松做特訓：在加州的炎炎夏日穿越五十公里的嚴酷地形。

但是我這個人很掃興，我試著勸他別這麼做。我自己就是一名跑步愛好者，對於缺乏運動的人突然進行高強度訓練會發生什麼事，我可是有切身經歷。除非先打下穩固的基礎，培養良好的活動度、柔軟度以及核心力量，否則一定會受傷。

結果他還是全力投入這項挑戰，開始增加跑步里程數。沒過多久，他就開始抱怨膝蓋很痛，但他還是堅持繼續訓練。幾個月之後，雖然他很痛苦，但還是跑了一場馬拉松（作為訓練項目），畢竟這場賽事也包含在他的計畫當中。

結果，接下來兩週他都拄著拐杖，後來也沒有站在超馬的起跑線上。從那之後，他再也不能跑步了。面對剛浮現的問題，他並沒有放棄或修改目標，反而繼續堅持下去，最終承擔了苦果。

這種破壞性的目標追求出奇地普遍，甚至在極端的情況下足以致命。舉例來說，每年都有人在聖母峰（Mount Everest）上死於高峰熱病（summit fever）。他們一心一意地攻頂，面對惡劣的天氣條件依然鍥而不捨，結果再也下不了山。

我們在商業環境中也會遇到類似的風險嗎？很多人都沒有考慮到這一點，因為他們太執著於設定目標帶來的好處。目標提供了指引方向的北極星，能激勵員工朝共同的方向前進。從個人層面來看，目標是推動我們工作並與周遭環境互動的力量，為我們的行動賦予重要的意義。

然而，越來越多證據顯示，頑固地追求狹隘的目標（尤其是管理界權威吹捧的宏偉理想）恐怕相當危險，因為無法預測的複雜世界所呈現的現實，與目標完全不符。

要是我們定下一個遠大目標，但是在追尋途中卻遭遇環境的重大轉變，導致目標無法實現呢[1]？我們應該不顧一切地追尋嗎？如果這個大膽的願景與其他重要目標衝突怎麼辦？若是對企業帶來災難性的後果，我們還要堅持下去嗎？

雖然這些問題的答案非常明顯，鐵定是一聲響亮的「不要！」，但是組織恐怕會過度執著於已經開始的計畫，而忽視了環境中無法避免的變化，這對他們相當不利。

通用汽車（General Motors）一心一意地想取得二十九%的市佔率（他們最近已低於這個隨意定下的數字），結果反而在過程中破壞了長期的大好前景[2]。富國銀行堅決要讓每位顧客持有八種產品，結果顧客一不買單，員工就建立了幾百萬個假賬戶來達成目標[3]。更常見的情況是，高階主管們坦承自己為了符合分析師的短期預測，選擇犧牲了企業的未來——但後者才是他們最想追求的目標[4]。

我在職業生涯中見過破壞性最強的狀況，大概就是團隊為了趕上死線，將具有致命缺陷、不合時宜，甚至毫無商業成功希望的產品推向市場。舉例來說，黑莓手機（BlackBerry）急著想推出一款能與 iPad 抗衡的產品，結果匆匆忙忙地把 PlayBook 推向市場。然而，PlayBook 卻少了黑莓機最重要的功能：電子郵件、聯絡人和日曆。這個決定最後打造出一款沒什麼人想買的商品，以及帳面上價值四．八五億美元的未售庫存[5]。

實際上，設定與追求合適目標的過程充斥著重重阻礙和危險。我們設定的目標可能會出錯；即使繼續堅持下去顯然不明智，我們恐怕也難以割捨。這些目標也有可能使人莽撞涉險，甚至做出違背道德的行為。環境充滿不確定性的時候，追求目標只會降低效率——因為我們若是把目光放得太遠，反而會害自己看不到眼前複雜的挑戰和契機[6]。最後，目標會讓我們編織出勝券在握的幻象（這是勵志演說家在講台前提出的熱門技巧）。但實際上，這種幻象只會讓大腦誤以為成功已經到手，導致我們不再奮發向上[7]。

那麼我們應該怎麼做呢？

關鍵是：釐清哪些情況會導致破壞性目標追求，這樣我們才能避開。根據該領域的權威克里斯多福．凱耶斯博士（Dr Christopher Kayes）表示，這些情況包含：固定的單一目標（例如：達到二十九％的市佔率）、公開承諾必定實現的遠大目標（例如：向產業分析師保證的成果），以及與個人或團體認同密不可分的目標（例如：以征服聖母峰為人生使命）。

凱耶斯也提出警告，設定的目標絕不能投射出未來的理想願景，因為這樣只會讓人分心，無法專心處理眼前的複雜難題。他也指出，只為自我辯護（self-justifying）服務的目標相當危險，因為這種目標缺乏行動的邏輯根據。例如，追求更高的品質標準，只為滿足對完美的渴望。凱耶斯也反對鼓勵大家相信特定目標的實現是團隊或個人的使命，他認為在這種情況下，萬一出現意料之外的事情，或是難題浮上檯面，導致人們必須管理相互衝突的目標；又或是情勢改變，無法實現預期的成果，那麼繼續追求目標只會引發災難。

與其掉進這些陷阱，我們應該先設定更深思熟慮、更合適的目標，並降低破壞性行為的可能性，建立目標實踐的架構。簡而言之，我們需要小心謹慎一點。正如寫出影響深遠的論文〈失控的目標〉（Goals Gone Wild）的作者所言：「經理和學者不該把目標設定當成非處方的良性激勵療法，而該將其視為處方用藥，需要謹慎評估劑量，考量有害的副作用，並做好密切監督[8]。」

採用創業家的心態通常對此有所幫助。舉例來說，若在不確定的環境底下，最好著重於學習目標（learning goals），即習得特定知識、技能，或是生出構想，而非重視績效目標（performance goals），像是達成預定的標準等等[9]。資深的創業家通常不會一開始就設定收入或銷售目標，也不會執著於死板的願景。他們的重心是得到市場的意見回饋，而且時間越早、成本越低越好。此外，他們也很重視組成一支高效團隊，能夠在短時間內解決複雜的突發難題。

另一個實用的創業技巧是：不把數字評分和單一指標當成獎勵和認可的基礎；因為這麼做通常會導致病態的指標固著（metric fixation），引發破壞性的目標追求。這也是一個值得探究的話題。

指標固著的風險

正如第二章所述，現代的正統管理理論源自一百多年前的泰勒科學管理範式，因此，現在的商業決策者會對衡量所有事物如此狂熱，實在不足為奇。要說有什麼差別的話，那就是隨著資料蒐集的技術越來越厲害，近年來這份熱忱也與日俱增。

雖然準確的數據結合專家的判斷，通常可以產生更好的企業決策。然而，如果我們認為無法衡量的事物不值得管理，或是只管理容易衡量的事物，那就一定會出問題。

評估個人績效的標準若是低到可以衡量，叫人靠此判斷的話，這種作法的風險就很明顯了。舉例來說，僅根據業務員創造即時收入的能力來支付酬勞的話，確實很吸引人；然而，這樣做的風險就是：業務員不會在意業績是否真的帶來獲利，也不會在乎顧客是否滿意。他們可能也會受到誘惑操弄數字，以迎合高層的要求。

並非只有業務員會遇到「意外後果定律」（the law of unintended consequences）[10]，若是只用手術成功率來評估外科醫生的績效，那麼他們就不會想為情況複雜的病人動手術，因為那些病例可能會導致評分下滑。如果警察的獎勵制度是依據特定犯罪率的下滑程度，他們就會為破獲的案件重新分類，像是把入室盜竊未遂（attempted burglary）降級為非法入侵（trespassing）[11]。如果客服人員的分數是顧客調查的評分說了算，他們就會要求顧客給他們高分。這就是古德哈特定律（Goodhart's Law）：「任何方法一旦變成控管措施，就不再是好方法了。」應對古德哈特定律的常見作法往往是加入更多指標，不過，這樣就需要更多數據、更複雜的系統和流程，也代表人們會花更多時間在製作績效報告上，而非實際執行任務。

一位在全球品牌任職的密友跟我分享了遭遇意外後果定律的經驗。他們在當地的市場工作，必須定期向總部提供銷售預測，而總部最在意的就是預測的準確度（但他們在意的顯然並非發展軌跡）。倘若預測失準，總部向來都會表達不滿。那麼，當地市場團隊如何應對呢？首先，他們進行重新分類，將已經確認的未來訂單改成預測訂單。這樣的話，預測數據看起來就會很準確。接著，若是出現一筆預期之外的訂單，他們就會把這筆訂單拖到可以「預測」的時候再處理。

當地辦公室提供的預測雖然表面上非常準確，但是卻完全偏離了事實。這種預測不僅會妨礙人們做出精明的決策，產生預測的系統也削弱了公司營利與管理現金流的能力。這正是指標固著與破壞性目標追求相互交織的完美範例。在這段過程中，確保顧客滿意度和收入反而變成次要的考量。

衡量也會損害創新。正如傑瑞．穆勒（Jerry Muller）在《失控的數據》（*The Tyranny of Metrics*）一書中的解釋：「一旦讓績效指標評斷人們的表現，他們就會去做指標所衡量的事情，而這些事情就會形成既定的目標。但是，這樣就阻礙了創新的契機；也就是說，他們實際上還沒嘗試尚未確立的事物。創新會涉及實驗，嘗試新的事物伴隨著風險，其中也包含失敗的可能性[12]。」

我想進一步指明事實：創業會牽涉到未知的風險，而且這些風險根本無法衡量；也就是說，追求創業成功跟指標固著的文化根本水火不容。沉迷於量化分析的組織通常都會偏好短期之內日益進步，成果相當容易衡量的企劃。他們會避開無法事先得知投資報酬的構想，即使報酬有可能相當可觀，他們也不願意為此冒險。即使新的機會有望替未來大幅的成長奠定根基，但是在這種體系之下，最終恐怕會導致契機胎死腹中。

相比之下，成功的創業家對於可負擔損失抱持著截然不同的看法。雖然這樣等於承認企劃可能會泡湯，更不可能事先精準算出報酬；但是團隊藉此能夠逃離指標固著的陷阱，可以自由追尋更遠大的構想，同時也能守住底線，讓組織在可控範圍內壓低風險。

我們還能做些什麼，既可保留績效衡量的根本利益，又能同時限制潛在的壞處呢？

正如穆勒的結論所述，首先最重要的是：我們必須了解衡量只是素材，無法取代良好的判斷力。我們不僅要培養出正確解析指標的專業知識，也要兼具智慧，了解什麼值得衡量、應該如何衡量，以及這些方法可能會產生什麼樣的動機。

在實務上，被評估績效的人也需要一同參與，好好了解他們認為應該要衡量什麼、如何衡量以及用什麼標準來評估。此外，也要在衡量指標過少（導致行為走樣）和過多（成本高昂且難以管理）之間拿捏好微妙的界線。也就是說，不是所有可以衡量的事物都很重要，也並非所有重要的事物都能衡量。創新、創意、創業家精神以及探索性成長在本質上和指標固著文化完全不相容，要是組織擁有消極錯誤文化（negative error culture），那麼想追求以上事物可說是難上加難。

消極和積極的錯誤文化

幾年前，有人請我為一間科技大廠針砭一項新提案。我的研究結果指出，產品目前的樣子不太可能成功，因此我建議做一點修改，以提升成果圓滿的機率。

客戶閱讀報告的時候，他說了一段刻骨銘心的話：「我們現在要做的第一件事，就是確保沒有人看到這份報告。」他們沒有分享並討論這份研究成果，而是積極地封鎖消息。這個企劃後來變成一場災難，最後，那個部門赤字慘重，不得不關閉。

這名客戶的態度並不罕見。真要說有什麼差別的話，那就是大型組織不認為在變化莫測的環境中學習或成長，難免會出現失敗和錯誤；他們反而將其視為性格或能力不足的譴責根據。在這樣的環境底下，我們採取防禦性（defensive）決策，以避免產生負面後果，遭受責備，或是被人看笑話。成功之母雖然不少，但是失敗卻連一個都沒有。

這就是風險專家捷爾德・蓋格瑞澤（Gerd Gigerenzer）所說的「消極錯誤文化」。錯誤遭人藏匿或是輕描淡寫，導致決策者無法得到所需資訊，也更難採取措施來防止事情重蹈覆轍。代價恐怕會非常慘重[13]。

只要一比較航空業（積極錯誤文化）和醫學界（通常是消極錯誤文化）的安全紀錄，我們就會發現結果天差地遠。搭飛機變得越來越安全，反觀世界衛生組織（World Health Organization）的報告卻顯示十分之一的病人在醫院受到傷害[14]。

舉例來說，使用基本檢查表是航空業的例行公事，但是在醫學界卻很少見，因此後果也很慘重。在美國，每年兩萬九千例的導管感染死亡案例當中，只要使用基本的衛生檢查表，就能預防三分之二的個案死亡。然而，即使十年來的數據證實了檢查表的好處，但是採用的醫院依然寥寥無幾[15]。

在變化莫測的世界裡，這種消極的錯誤文化無法讓人走得長遠。相反地，我們必須追尋它的反面，也就是積極的錯誤文化。在這種文化當中，公開透明取代了恐懼，發現並解決錯誤能得到獎賞。此外，這種文化鼓勵團隊改進、實驗並主動出擊，也會廣泛分享學到的教訓。我們該怎麼實現這個目標呢？

領導者必須樹立典範，願意告知並承認自己的錯誤。出差錯的時候，經理必須對事不對人，專心處理引發錯誤的潛在條件、系統和流程。

投資者瑞．達利歐（Ray Dalio）大概是支持企業創造積極錯誤文化的頭號擁護者，他創辦的橋水公司（Bridgewater）是全球規模最大的避險基金。達利歐在《原則》（*Principles*）一書中懇請領導者「創造出一種文化，既能接納錯誤，又能吸取教訓」。

他解釋道，懲罰過錯只會適得其反，這樣會導致人們隱藏自己的失誤，而且也讓組織錯失珍貴資訊和學習的機會。他的公司反而會懲罰隱瞞或是不認錯的員工，也會在公司內部報告當中將錯誤蒐集起來，並進行模式分析，採取系統化的方式解決問題。這正是安全管理產業的標準作法。達利歐也鼓勵組織內部完全透明，讓準確的資訊能自由流通[16]。

我們在企業中使用了另一種方法：不僅事後反思企劃，也會做好事前分析。不論是開始投入事業，參與產品開發過程，甚至是發起新的投資案，只要主動承認犯錯的風險和可能性，就能從一開始建立正確的基調。大家可以坦承自己的擔憂，分享過去看到的錯誤，並提出自己在企劃中發現的風險。

舉例來說，我們根據過去的經驗得知，法律或監管審查可能會拖慢某些企劃的腳步，或是加以嚴格限制——尤其是製藥或金融服務公司相關的企劃，它們更容易遇上這種狀況。因此，我們都會討論如何一開始就將這個情形納入考量。我們也透過其他企劃發現，收集與創造內容（像是網站的副本和圖像）通常都比人們預估的時間更久。因此，要是不早點開始動工的話，就會妨礙企劃進行。然而，最初能否展開這類討論，取決於團隊本身的互動。因此，我們現在要來探討心理安全感（psychological safety）的重要話題。

心理安全感的重要性

為什麼有的團隊績效非凡，有的卻表現得不怎麼樣呢？為了找出這個問題的答案，Google 發起了亞里斯多德計畫（Project Aristotle），藉此全面分析公司內部數百個工作小組的團隊成效。

他們得出的結論是，最重要的條件就是心理安全感：團隊成員能勇敢承擔風險，願意向夥伴展現真實自我，不必擔心受辱、被嘲笑或遭到懲處[17]。

這份研究成果一點也不足為奇。畢竟我們在變化莫測的世界中成長茁壯的程度，主要取決於創新和實驗的能力；而創新和實驗能力的培養條件是我們願意率先分享點子，並接受想法不見得會成功的可能性。

倘若我們因為害怕被嘲笑，就不敢分享想法；又因犯錯或冒險失敗，而受到懲罰或遭人非議的話，我們就不會再接再厲了。適應和成長的能力也完全取決於學習能力，而學習能力通常跟提問有關。如果人們不能安心地對做事方式提出疑問，那麼企業就會停滯不前。

正如領導力教練暨作家提摩西．克拉克（Timothy Clark）的解釋，領導者主要的任務是加強智力激盪（intellectual friction）：渴望擁抱多元觀點，考慮各種構想，一如往常地挑戰企業，並參與獲益良多的討論。與此同時，領導者也要減少社交摩擦（social friction），避免團隊的歸屬感、包容與支持遭遇阻礙。

我們該怎麼實踐呢？克拉克提出一個強而有力的模型，他認為心理安全感有賴於成員感受到的尊重度與許可度。

舉例來說，尊重度很高，但是許可度很低的話，團隊互動固然友好，但是文化卻帶著家長式（paternalistic）色彩。人們抑或聽命行事，抑或有人同意他們的想法，但是卻很少採取行動。因此，團隊成員可能會很依賴領導者，或是沮喪退出。然而，在允許度高但尊重度低的環境底下，文化卻以剝削為主。專制的領導者在追尋榮耀的途中，只把團隊成員當成可有可無的角色，於是成員為了維護理智，通常都會選擇離開。因此，尊重和允許缺一不可，而且必須維持平衡。

根據克拉克所言，只要團隊通過了四個安全階段，尊重度和許可度也會隨之上揚。首先，第一階段是包容安全（inclusion safety）：在團體中獲得接納和歸屬感的基本感受。如果沒有這種感受的話，我們根本就不會覺得自己是團隊的一分子。第二階段是學習者安全（learner safety）：我們受到鼓勵，願意提問並進行實驗；即使犯了錯，也會得到支持。第三階段是貢獻者安全（contributor safety）：展現能力之際，我們也取得了更多自主權。最後的階段是挑戰者安全（challenger safety）：我們可以安然挑戰現狀，不必面對懲處的風險[18]。每個階段都奠基於前一個階段，藉此釋放團隊的最大潛力。

研究這個模型的時候，我感到相當驚訝：這幾個安全階段不僅對企劃團隊的績效影響深遠，而且更影響了我們的生活品質。我想起了某位領導者，只因我在他的同事面前提出疑問，他就把我拖到會議室外面的走廊訓斥一頓。我想起了偉大構想被忽視的年代，只因提出者的身分或出身問題，這些想法便遭到埋沒。我也想到幾位朋友，他們因為膚色的緣故，在工作場合感受不到基本的包容安全。我也想起另一個聰明的友人，他沒什麼動力參加會議，因為一切毫無變化。由於沒有人能質疑做事方法，所以事情也沒有可以改進的餘地。

我想起多年以來，我親眼看到人們浪費了數百萬美元，就因為不願意認錯，也不願意挑戰有問題的辦事流程。我也想起一些團隊，他們覺得自己無法為組織的成功做出貢獻，因為執行長把持了決策權，嚴密管控他們的一舉一動。

不論是時間、心力、才能或是其他資源的浪費都很可惜。我也不禁想到影響範圍更大的情況：像是教育、養育子女，以及成敗取決於團隊合作的活動。

話雖如此，我也想到自己很幸運，能在這樣的團隊工作：不僅各層面的心理安全感根深蒂固，互動默契迅速成形，成就感也隨之而來。

領導者必須奠定高層基調（the tone from the top），打造包容環境，鼓勵員工學習，分派工作有方，才能大幅提升貢獻，並樂於聆聽挑戰性十足的構想。企業身處的環境越是混亂，這些因素就越重要。決策權若是集中在高層手上，瞬息萬變的事件可能就會壓垮領導者，更何況他們還訓練團隊成員不要獨立思考和行動——這等於是致命組合。

美國服飾（American Apparel）的創辦人多夫．查尼（Dov Charney）提供了一個極端案例。打從第一天開始，他就立志要成為超級平易近人的領導者。不論是員工、顧客、供應商或是記者，任何人都可以直接聯絡他。他也是企業各個層面的核心人物。根據暢銷書作家暨美國服飾前行銷總監萊恩．霍利得（Ryan Holiday）所述，雖然這個作法早期讓查尼獲益良多，但是隨著企業規模擴大，在二十個國家擁有兩百五十間門市，這樣做反而有害。到了二〇一四年，他開始處理全球各地的大量請求，幾乎沒時間睡覺。不出所料，他的判斷力因此受到影響。

為了趕著解決配送場所之間的輪班問題，他搬進倉庫，在一間小辦公室放了一張床，結果只讓事情變得更糟糕。他的決策越來越沒有章法，讓人匪夷所思，而且充滿各種矛盾；直到最後，有人請媽媽帶他回家。結果不到一年，他就失業了。不僅公司倒閉，他也欠一間避險基金兩千萬美元的債務[19]。

領導者不應把持決策權，而該授權給員工，讓他們決定實現願景的方法。此外，領導者也要重視學習和適應力的價值。

舉例來說，麗思卡爾頓酒店（Ritz Carlton Hotels）有個明確的信條：「真誠照顧客人，提供舒適環境，此乃本店最高使命。」為此，只要員工發現有機會做點不同凡響的事情，他們就有權為客人花費，金額上限可達兩千美元[20]。

無獨有偶，某些公司（尤其是 Google 和 Atlassian 等科技大廠）也會鼓勵員工好好探索自己的想法，可將二十%的工作時間拿來實現自己的企劃。這個策略也呼應了一些我們之前提到的主題，雖然他們不知道這些個人企劃會有什麼樣的回報，但是只要生出一個偉大的構想，生產力下降就是值得的。這就是探索性成長與可負擔損失實際運作的方法。

威廉·索恩戴克（William Thorndike Jr.）在《非典型經營者的成功法則》

（*Outsiders*）一書中，分析了幾位成就非凡的執行長的做事方法。分析結果指出，這些執行長支持打造一個讓員工既感受到貢獻者安全，又能獲准採取行動的文化。他還發現，遠勝市場表現的執行長都偏好完全去中心化的架構，採用扁平的管理模式，並強調個人的自主權。

套用華倫．巴菲特（Warren Buffett）的說法就是，為了在企業中釋放創業能量，目標是：「雇得好，管得少[21]。」不過，怎樣才算「雇得好」呢？能力和態度當然不容忽視，但另一個元素也很重要，那就是：多樣性（diversity）。

多樣性的好處

我們必須考量兩個基本層面的多樣性：人口和認知。人口多樣性涵蓋種族、性別、年齡、社經地位、教育背景等因素；認知多樣性包含工作內容和作法之間的差異。我們先從這裡開始討論。

我們如何在認知上有所不同？從最高層次來看，我們可以有不同的目標和價值偏好，也可以用不同的方法實現這些目標：我們的思考觀點和解決問題的方法組成了獨一無二的知識工具包[22]。不過，認知多樣性究竟如何協助績效呢？

我們可以再次把它當成一場數字遊戲。團隊擁有的觀點、技能或決策的探索方式越多，問題的潛在解決方案就越多。這些資源匯聚起來的時候，突破性創新的可能性就會更高。這其實滿直觀的：如果大家的思考方式和技能都一樣，那麼除了生產力提升之外，團隊根本不會帶來其他好處。

若是問題特別具有挑戰性，成員個個絕頂聰明，團隊規模也夠大（至少不是小貓兩、三隻）的話，多樣性可以進一步改善績效[23]，甚至勝過天生能力。如果最聰明的人都用相同的工具解決問題，他們恐怕都會卡在同一個地方[24]。

正如第三章所述，若要在不確定的環境中成長茁壯，我們就必須具備實事求是（truth-seeking）的心態：抱持積極開放的態度，尋覓多元觀點，不執著於同一個想法，藉此獲得寶貴新知，並願意為此調整信念。此外，本書反覆強調的另一個重點是：如果想要超越競爭對手，就需要偏離共識，避免與他人的思維和世界觀太過相似。

考量這些問題之後，我們會發現在變化莫測的世界當中，認知同質性太高的團隊顯然就是一個阻礙。它會放大確認偏誤（confirmation bias），侷限獲得資訊的管道，縮小機會範圍，並導致我們的世界觀趨向一致。如果大家都往同個方向看的話，就會面臨突發事件從遠方飛撲而來的危險[25]。

正如電腦先驅艾倫・凱（Alan Kay）所言：「觀點的改變能抵過八十分的智商值[26]。」我們只要決心打造多元團隊，這樣不論是發現新機會、想出非凡點子，或是從不同角度面對挑戰、管理風險以及迴避可怕的團體迷思，以上種種能力都會提升。或許，也正如雅各・布朗諾夫斯基（Jacob Bronowski）所言：「多樣性是發展的推進器[27]。」

那麼人口多樣性呢？雇用不同身份和背景的人有優點嗎？答案是：當然有！

除了明顯緊迫的道德命令能攻克公司與社會的歧視和不實陳述之外，人口多樣性可以提升績效，畢竟它通常跟認知多樣性息息相關[28]。

不同的背景和經歷會給予我們不同的觀點、心智模型（mental models）和解決問題的方法。然而，唯有我們高效合作，才能善加運用這些差異。因此，多樣性和心理安全感其實密不可分。舉例來說，若是少了包容安全（歸屬與接納感），雇用多元勞動力的潛在利益就無法實現。提升多樣性也可放大心理安全環境帶來的好處。

諷刺的是，根據《紐約時報》（*New York Times*）的某篇意見投書所稱，Google 在處理種族主義和性騷擾問題上，仍有相當大的進步空間。雖然同時實踐多樣性和心理安全並不容易，但是一想到二者為職場和社會帶來的好處，做出堅定的長期承諾相當值得[29]。很多人都對糟糕的經歷感到厭煩，這很合情合理。不過，我們還有很多東西要學，前方道路的確漫長又充滿挑戰，但還是值得一試，這點無庸置疑。

通才的優勢

隨著組織成長，員工內部也會漸漸各有專攻，以便活用更深層的專業知識；之後通常會按專業學門、業務單位或是兩者兼備以進行分類，編組各領域的專家進入部門。

如同我在本書開頭的解釋，問題就在於部門劃分多半都很生硬。企業是動態的系統，一個領域的變化會牽動全身。企業是相互連結的完整架構，成功不是由各部門的績效決定，而是取決於不同部門之間的協調。

我們在研討會上提供了一個實際範例，可以示範這個原則的運用方式。某間快速發展經銷商的執行長認為，不用或不需要的產品退貨只要變簡單了，就能改善顧客體驗。因此，我們從客服、物流、法律、會計和營運部門找來一群人，一同評估這個構想。

客服部門的代表強烈支持這項企劃，他們的論點是顧客常常抱怨退貨政策，期望也越來越高，而且顧客永遠都是對的。然而，物流部門的人卻露出一臉難以置信的表情表示，倉庫基本上沒有空間存放更多產品，因此，如果不砸下重金擴大空間的話，更改這項政策根本行不通。她提出一個嚴酷的結論：要麼終止企劃，不然就再買一個倉庫。

雙方的意見交流越演越烈，最後法律部門的人大聲說：「真是奇怪……我本來以為顧客不滿是因為我們有六、七種不一致的退貨政策。如果只有一個更簡單、更好溝通的政策，那麼我們也許根本不用更改條款。如此一來，不增加退貨量也能改善顧客體驗的瑕疵。」

客服和物流代表都驚訝地看著她。因為他們雙方只從自己的角度思考，根本沒有想過這個問題實際上是否還有其他成因。

豁然開朗之後，眾人支持的解決方案就誕生了：只要整合出一個清楚解釋、明確執行的退貨政策，公司就能改善顧客體驗並簡化營運，不必花費擴大空間的成本。

我們能做些什麼，讓這類協調更容易進行呢？首先，要擴成員們對企業實際運作方式的理解。加強公司內部的財務素養，像是了解成本架構、現金流和營運資本等基本概念，應該就能改善整體決策。因為每個人都會更清楚自己的工作如何影響公司的財務表現。

第二步是強化其他工作領域的知識。舉例來說，如果設計、客服和行銷部門更深入了解彼此的專業，那麼為了顧客、品牌和公司的整體利益，他們也能更好地整合各部門的行動。

無論是職位升遷，或是決定自行創辦企業，一般的商業知識對我們都很有幫助。事實上，創業的一大好處是：不管企業多成功，你都會更了解各個部門，彼此之間也必須和諧一致。

舉例來說，人們原本會批評廣告或公關等建立知名度的行銷活動，但是等到自己創業的時候，反而對此深深著迷。他們的態度轉變之快，令人驚訝不已。正如廣告商大衛·德羅加（David Droga）的詼諧評論：「大家都很討厭廣告，但是等到想賣房子，或是想找到失蹤貓咪的時候，他們就不會討厭了[30]。」

然而，除了通才與專才的權衡之外，我們也隨之意識到一個問題：糟糕的部門協調跟技術能力相比，影響績效的威力可能更強大。這就點出了另一個問題：我們該如何為營運和團隊布局，才能在無法預測、不確定的環境中成長茁壯？

適應力的強大之處

即使擁有強大心靈，但身體若是羸弱不堪，我們就無法在不確定性面前成長茁壯。如果企業的基礎建設無法因應變化，那麼擁有正確心態和文化的幫助也不大。然而在實務上，許多企業反而過度優化，被流程和協議搞得動彈不得。

若要在維持適應力和提高營運效率之間做出選擇，大多數人寧可選擇從系統中刪除懈怠，因為這樣能帶來可量化的短期收益。相比之下，適應力有一點像保險——不需要的時候只覺得浪費，但真正需要的時候就不是這麼一回事了。隨著時間過去，組織變成了一台直線加速賽車，在直線賽道上無人能敵，但是卻沒辦法應付路上一點點的顛簸，急轉彎就更不用說了[31]。雖然在流程一律標準化、依循常規的穩定環境當中，效率是令人神往的條件；但是創新卻需要實驗、改善、反覆試錯，本身的效率並不高，而且建立社會資本和強化關係的方法也是如此。探索性成長（未來契機的源頭）與開發現有機會相比，效率也很低。

換言之，多數具備最強優勢的事物，像是：創新、建立高品質關係、發現大量成長機會等等，都不可能一蹴可幾。若將泰勒的方法和思想應用於本質上效率低落的領域，我們只能妥協，無法放大成功。朱斯·戈達德（Jules Goddard）在《逆管理時代》（*Uncommon Sense, Common Nonsense*）一書中寫道：「策略是一項罕見的寶貴技能，讓你在效率需求浮現之前，都能先行一步。」[32]

因此，適應力非常重要，尤其在構想萌芽的階段更是如此。我們一開始並不會知道需不需要擴大規模、改變方向，還是中止企劃。只有在市場上取得立足之地，開始試水溫的時候，我們才該開始認真思考提高效率的問題。

然而，新構想脆弱易碎，很容易被扼殺。尤其這些構想若要挑戰常規，或是得和當今的佼佼者搶奪資源和注意力，又或是期望立竿見影的話，那就更容易胎死腹中。因此，我們除了需要基本的適應力之外，還得更進一步，建立特定的架構來保護和孕育構想——這就是我現在要討論的話題。

瘋狂點子與事業擴張

我一直對創造力和資源之間看似疏遠的關係很感興趣。

例如，某個人到底怎麼在紐西蘭的小屋裡，獨自設計並製造出有史以來最前衛的摩托車，後來還指導世界各地的製造團隊[33]？他甚至是從零開始製造引擎。此外，為什麼創業公司跟多數的大公司相比，明明方法更少、個人風險更高，但是卻更容易追求突破性的新構想？這不可能是人的問題，因為有很多人辭去大公司的工作，加入新創公司，也有人反其道而行。個人的風險容忍度或是對新構想的熱忱如果正是問題所在，那麼我們就不會看到這種交互授粉

（cross-pollination）的現象。

經過多年的好奇、沉思和研究之後，物理學家暨生技創業家薩菲・巴考（Safi Bahcall）的說法給了我最具說服力的答案。他結合了自己在這兩個領域的知識，提出一套解釋。

根據巴考所言，他把孕育突破性構想的能力稱為「瘋狂點子」（loonshots），又把建立在現有成功基礎上的技能稱為「事業擴張」（franchises），這個概念跟物質三態有點類似。就像水不可能同時是液態和固態，組織架構也是一樣，獎勵和管理制度不可能同時優化，以研發出天馬行空的新產品，並利用現有的市場機會。

然而，水從液態轉為固態的時候，會在某個恰好的溫度經歷相變（phase transition），冰塊就在水中成形。兩個物態處於動態平衡，既共存又分離。溫度只要差一度，水就會完全凍結或融解。

巴考發現，相變的邏輯也適用於組織。某些管理參數可以透過獎勵制度推動瘋狂點子或是事業擴張，又或是達到兩者兼顧的神奇平衡。這在實務上是怎麼辦到的呢？

起作用的主要變數是兩種相互競爭的力量：利害關係（stake）與職位排行（rank）[34]。舉例來說，在一個小型創業公司當中，如果瘋狂點子能克服萬難，大獲成功的話，大家都會變得很有錢。換言之，所有人在創業成功上都具有高度利害關係，再加上公司只有幾個人，因此職位排行並沒有好處。

然而，如果創業公司成功了，某種程度上它會達到一個規模，讓職位排行與利害關係帶來的好處趨於同等。一個是失敗風險高，可能需要經過數年才能開花結果，對於個人成就沒有多大影響的瘋狂想法；另一個是成功率更高，一年之內就能升遷或加薪的事業擴張企劃。若要在兩者之間做出選擇的話，那當然會放棄瘋狂點子，選擇堅守本業。這麼一來，組織就會經歷相變。

不過，正如巴考的解釋，相變點可經由操控管理因素進行調整，這些管理因素會將個人動機推向企劃工作或是政治發展。以下有五個因素需要好好考慮。

首先是管理幅度（management span）：上級管理的下屬人數。管理幅度越大，升遷機會越小，因此操弄政治的動機也更少。管理幅度比較大的話，我們也更有可能分享想法，並從同事那裡得到意見回饋。這樣的架構更適合鼓勵實驗和創新。

接下來是調薪幅度（salary step up）和持股份額（equity fraction）。階層之間的幅度越大，關注職位排行的動機就越強；幅度越小，越能專注在企劃工作上。此外，持股越多，就越重視企業的商業成就。

最後，還有兩個更微妙的因素：企劃技能適合度（project-skill fit）和政治報酬（return on politics）。如果工作上技能卓越、樂在其中，也能為企劃成果帶來積極的顯著影響，那我們就更有可能專注於工作本身，不被難以做出貢獻的職位綁住手腳。同樣地，倘若企劃工作的品質並非上位的決定因素，反而辦公室政治似乎才是關鍵的話，那麼你可以打賭大家都會往這個方向努力[35]。

只要操控這些因素，我們就能調整人們的動機要偏向利益關係還是職位排行，藉此讓他們選擇支持瘋狂點子或是事業擴張。更好的方法大概是將組織完全拆開，打造一個孕育瘋狂點子的苗圃，培養大膽的新構想，並且跟事業擴張的業務區隔開來。

然而，我的經驗告訴我，在紙上把組織拆開也不一定能將心態區分開來，要是環境中的信號和運作方式都承襲組織的話，那就更難區分了。

我曾經與一間創新實驗室合作。這家實驗室擁有我見過最豪華的辦公室，團隊成員也花了不少時間乘坐商務艙飛向世界各地，拜訪潛在的合作夥伴。

從大理石入口、設計師家具再到津貼、預算和人員配備，這間企業散發著富足的光芒，嗅不到一般新創公司瀰漫的緊張感或是興奮感。對於新創公司來說，失敗的可能性永遠都在；不過夥伴們會團結一致，展開一場未知的冒險。然而，如果你把屁股緊緊黏在伊姆斯（Eames）椅子上，再從辦公室的一隅放眼望去的話，你大概會覺得已經抵達了目的地。這個組織的確花了很多錢，但是成效卻不怎麼樣。不過，他們成立的這段期間還是滿有趣的。

獨立的新創公司則與之形成鮮明對比，他們的資源往往非常有限，團隊規模也盡量縮編到最小。至於辦公環境（要是有一間辦公室的話），通常都很低調。舉例來說，不論是科技公司在車庫起家，或是公司成立第一天，創辦人自行組裝宜家家具，這類的故事都很多。洛克希德公司（Lockheed）的臭鼬工廠

（Skunk Works）是典型的大公司旗下新創企業，他們在帳篷裡造出第一架飛機。

我一直相信，這樣的限制就跟資源一樣，在企業的成功上扮演著同等重要的角色。無論是時間、金錢還是人力等限制，都解放了我們的創造力。這些限制迫使我們必須劃分輕重緩急，全神貫注並即興發揮；此外，稀缺感也能防止我們得意自滿。因此，為了讓孕育的構想成功，事業擴張和構想孵化之間的分隔必須擴展到基本的組織架構和獎勵機制之外，並延伸到營運、資源和環境層面。

一個概念若是成功誕生，邁向事業擴張階段以進入市場的話，那麼另一個挑戰就來了。如果是一個熱情的領導者推動擴張，強行轉換階段的話，風險就是：擴張團隊內部的重要見解遭到忽視。然而，若是轉換力道太弱，前景看好的構想永遠都不會得到擴張團隊的關注，因為他們的動機是利用現成的機會。因此，達到平衡非常重要[36]。

若要妥善管理轉換階段，關鍵就是兩個團隊（巴考稱其為藝術家和士兵）必須得到組織同等的尊重，並且在企劃主持人的幫助之下審慎進行轉換。這群主持人不僅熟悉雙方，可以連結兩者，而且對內部業務也很有一套[37]。

巴考寫道，「最脆弱的環節並不是點子的供應源，而是領域的轉換。潛藏在脆弱環節背後的是公司架構，也就是體系的設計，而非人或文化。」

所幸架構並不像文化，架構可以直接進行操控，我們在本章提到的其他因素也是：如何設定目標、使用指標、雇用對象，以及訓練員工做決策，這些方法都可以直接操控。

我們不可能揮舞魔杖，一夜之間就能改變組織。然而，不管前方道路有多艱難，只要具備耐心和忠誠，我們就可以打造更多元的團隊，提升成員的心理安全感，並提供所需的獎勵機制和環境，幫助他們成長茁壯。

本章摘要

- 雇用、管理、獎勵員工以及建構團隊的方式，會影響組織面對不確定性的成長能力。
- 雖然目標的確有所幫助，但是固著的目標一旦與不可預測的環境產生衝突，這種目標恐怕會破壞力十足。
- 在變化莫測的環境當中，重視學習目標比關注績效目標更好。
- 指標固著恐怕會產生違反常理的動機，甚至會變成破壞性目標追求的催化劑。
- 沉迷指標會妨礙冒險和創新。
- 具備消極錯誤文化的組織會採取防禦型決策，適應、學習以及成長的能力也會受損。然而，積極的錯誤文化則會帶來完全相反的效果。
- 領導者的首要任務是打造一個提升智力激盪，減少社交摩擦的環境。

- 心理安全感是團隊績效和組織在不確定性中成長茁壯的關鍵要素。
- 心理安全感分成四個階段：包容安全、學習者安全、貢獻者安全和挑戰者安全。
- 認知多樣性可以提升突破性創新的可能性，也能創造出更大的工具包，幫助我們更有效地解決問題。
- 人口多樣性和認知多樣性是密不可分的。
- 多樣性與心理安全感緊密相連。若是缺乏心理安全感，多元團隊也不會有好的表現。心理安全的環境會因更高的多樣性而受惠。
- 一般商業技巧能輔佐專業領域的知識，改善溝通和決策。
- 組織必須維持適應能力，並明白多數有利於企業的活動其實效率不高。
- 成員的個人動機會決定團隊是否著重於孵化突破性構想，或是利用現有的市場機會。
- 組織應打造出獨立且整合的架構，以孕育出新構想並擴張事業，審慎管理兩者之間的平衡。

後記

既然要寫一本有關機運和成功的書，就不得不在過程中稍稍重新評估自己的經歷。回顧一路走來的每一步，而更加注重偶然、巧合和將其遮蓋住的認知及文化因子，我看待的眼光便煥然一新。

例如，我搭火車前往牛津時翻閱被遺留下來的一份報紙，那時並不曉得自己的事業因其開始起步。我在二〇〇七年開始一份顧問差事而在首日打開筆電時，並不曉得我最後會在世界的另一頭經營企業，並和坐在我隔壁的陌生人一起合作。

薩巴告訴我他原本無意參加我們初識的那場派對，而是最後一刻才改變心意。要不是那一瞬間的決策（以及讓我走到那一步的一連串不可預見事件），我們就不會寫出這本書，而你也就讀不到了。

回顧這些巧合時，我驚覺這些事情其實瑣碎到不行。當下並看不出這些事情會改變一生際遇。也就是一粒米碰撞到米堆中的另一粒米。

這些情境讓我想到文豪馮內果（Kurt Vonnegut）提的建議：「好好享受生命中的小小事物，因為某天回過頭來看會發現是大事。」下一個巧遇的陌生人可能開啟改變一生的新夥伴關係；對於某個產品或服務的小小不滿，可能催生出一整座商業帝國。根據歷史發展，最大的突破往往來自於巧合、誤打誤撞和靈光一閃，而不是嚴謹而遵照邏輯的分析。

所以，即使沒辦法去除掉環境中的不確定性，我們根本也不用那麼做。要是大家依照哲學家塞內卡（Seneca）所說，幸運是做好預備時迎來機會，那麼我們可以做很多事情來加強預備以創造機會：從我們抱持的心態到經營的人際關係，再到尋求的策略和打造出的團隊結構。

況且，擁抱周遭的不可預測因子而不去對抗，能讓我們更加快樂、輕鬆和心懷期待。要更能掌握結果，該做的並不是無謂地想要去驅除不確定性，而是反過頭來借力使力。這在轉述亞里士多德・歐納西斯（Aristotle Onassis）所說的話，人不能要求海洋順自己的意，但能學會如何無論晴雨都能順航，且要不斷開闢道路。

如果你喜歡這本書，實際運用了裡頭的概念，而想要分享自己的經歷，我們很樂意你來訊——尤其是你覺得有機會跟鐵勒夥伴公司（Tiller Partners）或有道企業（Methodical）合作的話。請將郵件寄到 authors@masteringuncertainty.com。

誰也說不準後續會有什麼發展。何妨試一試，畢竟這對你能有什麼壞處呢？

致謝

我們要感謝以下眾人的協助和支持：路易絲・沃特金森（Louise Watkinson）、約翰・沃特金森（John Watkinson）、茱迪・康科利（Judy Konkoly）、梅根・巴特勒（Megan Butler）、帕特里克・沃爾什（Patrick Walsh）、奈傑爾・威爾科克森（Nigel Wilcockson）、羅伯特・凡奧森布魯根（Robert van Ossenbruggen）、班・薩波（Ben Supper）、馬特・尼爾（Matt Neal）、盧克・威廉姆斯（Luke Williams）、米歇爾・卡爾（Michelle Carr）、羅伯・艾薩克斯（Rob Isaacs）、基思・費拉齊（Keith Ferrazzi）、羅伯特・基魯比（Robert Kirubi）、琳達・舒爾茲（Linda Schulze）、塔瑪・科恩（Tamar Cohen）、娜塔莉・馬列夫斯基（Natalie Malevsky）、凱西・塔巴塔貝（Cathy

Tabatabaie）、克里斯・達菲（Chris Duffy）、斯蒂芬妮・托德（Stephanie Todd）以及史考特・金（Scott King）。特別銘謝班・史密斯（Ben Smith），他是不可多得的絕佳好友和企業夥伴。

——沃特金森

註解

前言

1. Myers, T.W., *Anatomy Trains* (London: Elsevier, 2009), 22.
2. http://news.bbc.co.uk/2/hi/business/3704669.stm
3. Haidt, J., *The Righteous Mind* (New York: Pantheon Books, 2012), ch. 3.

第一章

1. Chesterton, G.K., *Orthodoxy* (Digireads.com Publishing, 2018), 55.
2. https://www.olympic.org/news/steven-bradbury-australia-s-last-manstanding
3. Trivers, R., *The Folly of Fools: The Logic of Deceit and Self-Deception in Human Life* (New York: Basic Books, 2011), ch. 1.
4. Bernstein, P.L., *Against the Gods* (New York: John Wiley & Sons, 1998), 232.
5. Marks, H., *Mastering the Market Cycle–Getting the Odds on Your Side* (New York: Houghton Mifflin Harcourt, 2018), 138.
6. Kordupleski, R. and Simpson, J., *Mastering Customer Value*

Management–The Art and Science of Creating Competitive Advantage (Randolph, NJ: Customer Value Management, Inc.), xvi–xvii.

7. Buchanan, M., *Ubiquity: Why Catastrophes Happen* (New York: Three Rivers Press, 2000), 46.
8. Taleb, N.N., *The Black Swan: The Impact of the Highly Improbable* (New York: Random House, 2010), 15.
9. Ibid., 39.
10. Arthur, W.B., *Complexity and the Economy* (Oxford: Oxford University Press, 2014), ch. 2.
11. Reason, J., *Managing the Risk of Organisational Accidents* (Abingdon: Taylor & Francis, 2016), 11.
12. Ibid., 74.
13. Arthur, W.B., *The Nature of Technology: What It Is and How It Evolves* (New York: The Free Press, 2011; Kindle edn), 33.
14. Ibid., 103.
15. 是真的，參見 Seaborg, G.T., *A Scientist Speaks Out: A Personal Perspective on Science, Society and Change* (London: World Scientific Publishing, 1996), 217.
16. Livingston, J., *Founders at Work* (Berkeley: Apress, 2007), 284.
17. 貝佐斯在二〇一六年寫給 Amazon 股東的信件中說道：「巨大的報酬往往來自於與普遍認知對賭，而普遍認知通常是對的。如果成功率為十%，而報酬為一百倍，每次都該試一試。但是，還是會在十次當中錯九次……我們都曉得如果你全力揮棒，很容易被三振，但有時也能擊出全壘打。不過，棒球和商場的差別在於，棒球的表現是有限的，打擊時，無論你再怎麼厲害，最多就是四個壘包；商業中，總有幾次押對寶時，可以獲取一千倍的效果。因為報酬率如此為長尾分布，所以大膽出擊很重要。大贏家總是在摸索階段無盡付出。」出處：https://www.sec.gov/Archives/edgar/data/1018724/000119312516530910/d168744dex991.htm

18. https://blog.aboutamazon.com/company-news/2018-letter-toshareholders
19. Marks, H., *The Value of Predictions, or Where'd All This Rain Come From?* (Los Angeles: Oaktree Capital Management, L.P., 1993).

第二章

1. Graeber, D., Bullshit Jobs (New York: Simon & Schuster, 2018), 83.
2. Tetlock, P.E. and Gardner, D., Superforecasting (New York: Crown Publishing Group, 2015), 96.
3. Redding, A.C., Google It: A History of Google (New York: Feiwel and Friends, 2018), ch. 4.
4. 哈特菲爾德在多個紀錄片和訪談中回述，包含《設計師真不是蓋的：巴黎版 Air Max 1 的來歷》（*Respect The Architects - The Paris Air Max 1 Story*）。
5. https://www.rollingstone.com/culture/culture-news/how-spider-manconquered-the-world-189368/

6. https://www.cultofmac.com/383779/leica-invented-autofocus-thenabandoned-it/
7. Dobelli, R., *The Art of Thinking Clearly* (London: Hodder & Stoughton, 2013), 119.
8. https://www.quantamagazine.org/to-make-sense-of-the-presentbrains-may-predict-the-future-20180710/
9. Rosenzweig, P., *The Halo Effect* (New York: Free Press, 2007), 74.
10. Ibid., ch. 4.
11. Kahneman, D., *Thinking, Fast and Slow* (London: Allen Lane, 2011), 425.
12. Ibid., ch. 12.
13. Frank, R.H., *Success and Luck: Good Fortune and the Myth of Meritocracy* (Princeton: Princeton University Press, 2016), 79–82.
14. Perroni, A.G. and Wrege, C.D., 'Taylor's Pig-Tale: A Historical Analysis of Frederick W. Taylor's Pig-Iron Experiments' (*Academy of Management Journal*, Vol. 17, No. 1, Mar. 1974), 6–27.
15. Kiechel, W., *The Lords of Strategy: The Secret Intellectual History of the New Corporate World* (Boston: Harvard Business School Press, 2010), ch. 1.
16. https://aeropress.com/pages/about
17. Bhide, A.V., *Origin and Evolution of New Business* (New York: Oxford University Press, 2000).
18. Marks, H., *Dare to be Great* (Los Angeles: Oaktree Capital Management, L.P., 2006).

19. Popper, K.R., *The Logic of Scientific Discovery* (London: Routledge Classics, 2002), 18.

20. Rosenzweig, P., *The Halo Effect* (New York: Free Press, 2007), 84–93.

21. Clayman, M., 'In Search of Excellence: The Investor's Viewpoint' (*Financial Analysts Journal*, Vol. 43, No. 3, 1987) 54–63. JSTOR, www.jstor.org/stable/4479032. Accessed 17 Nov. 2020.

22. 這是 BCG 自己對於事件的記載，參見 https://web.archive.org/web/20130204055506/；http://www.bcg.com/about_bcg/history/history_1965.aspx

23. Stewart, M., *The Management Myth* (New York: W.W. Norton & Company, 2009), 195.

24. O'Shea, J. and Madigan, C., *Dangerous Company: The Consulting Powerhouses and the Businesses They Save and Ruin* (New York: Times Books, 1997), 154.

25. https://www.drucker.institute/perspective/about-peter-drucker/

26. 明茲伯格的書作《策略巡禮》（*Strategy Safari*）精彩介紹了每個策略思潮的學派。參見 Mintzberg, H., Ahlstrand, B. and Lampel, J., *Strategy Safari: A Guided Tour Through the Wilds of Strategic Management* (New York: The Free Press, 1998).

27. Martin, R., *Playing to Win: How Strategy Really Works* (Boston: Harvard Business School Publishing, 2013).

28. 此處的排名取自於 Thinkers50，其於二〇一九年將這兩人評為頂尖企業思想家，並將二〇一一年「近十年最佳商管書」的策略獎頒給《藍海策略》。參見https://thinkers50.com/biographies/w-chan-kim-renee-mauborgne/

29. Lowe, J., Jack *Welch Speaks: Wit and Wisdom from the World's Greatest Business Leader* (Hoboken: John Wiley & Sons, 2008), 90.
30. Mintzberg, H., Pascale, R.T., Goold, M. and Rumelt, R.P., 'The "Honda Effect" Revisited' (*California Management Review*, Vol. 38, No. 4, 1996), 78–91.
31. 感謝策略師卡斯特林（J.P. Castlin）向我分享他的見解。
32. Hacking, I., *The Taming of Chance (Ideas in Context)* (Cambridge: Cambridge University Press, 1990).
33. Bahcall, S., *Loonshots* (New York: St. Martin's Press, 2019), 19.
34. https://www.sciencealert.com/these-eighteen-accidental-scientificdiscoveries-changed-the-world
35. Bacon, F., *The Advancement of Learning* (Public domain), 28.

第三章

1. https://ramp.space/en/post/team-player-rafael-nadal
2. https://www.telegraph.co.uk/sport/tennis/rafaelnadal/8707878/Rafael-Nadal-Uncle-Toni-terrified-me-but-without-him-Id-benothing.html
3. https://www.technologyreview.com/2018/03/01/144958/if-youre-sosmart-why-arent-you-rich-turns-out-its-just-chance/

4. Baumeister, R.F., Bratslavsky, E., Finkenauer, C. and VohsBad, K.D., 'Bad is Stronger than Good' (*Review of General Psychology*, Vol. 5, Issue 4, 2001), 323–370.

5. Dyer, F.L. and Martin, T.C., *Edison: His Life and Inventions* (New York: Harper & Brothers, 1910), Vol. 2, 615–616.

6. Jordan, M., *I Can't Accept Not Trying: Michael Jordan on the Pursuit of Excellence* (San Francisco: Harper, 1994), 12.

7. 這句知名引述最早出現在《曲棍球新聞》（*The Hockey News*）一九八三年一月十六日刊登內容。葛瑞茲基說這句話回應編輯鮑勃・麥肯齊（Bob McKenzie）對於他當年多次進攻的評論。

8. 參見 *Oakley* (New York: Assouline Publishing, 2014), Heritage.，以及https://www.forbes.com/2007/06/21/luxottica-oakley-update-marketsequity-x_vr_0621markets21.html?sh=60f031e33896

9. Sarasvathy, S.D., *Effectuation: Elements of Entrepreneurial Expertise* (Northampton, MA: Edward Elgar, 2008), 34, 81–83, 88, 115.

10. Dweck, C.S., *Mindset: The New Psychology of Success* (New York: Random House, 2016), ch. 1.

11. https://www.linkedin.com/pulse/satya-nadella-growth-mindsets-learnit-all-does-better-jessi-hempel/

12. Editorial contribution and arrangement by Langworth, R.M., *Churchill by Himself: The Definitive Collection of Quotations* (London: Ebury Press, 2008).

13. Duckworth, A., *Grit: The Power of Passion and Perseverance* (New

York: Scribner, 2016), 25.

14. https://www.theguardian.com/books/2015/mar/24/jk-rowling-tellsfans-twitter-loads-rejections-before-harry-potter-success

15. Nathan, J., *Sony* (New York: Houghton Mifflin Company, 1990), 13.

16. Dyson, J., *Against the Odds: An Autobiography* (London: Orion Business, 1997).

17. Duckworth, A., *Grit: The Power of Passion and Perseverance* (New York: Scribner, 2016), 92.

18. Reisman, D., Glazer, N. and Denney, R., *The Lonely Crowd* (London: Yale University Press, 2001), 24–25.

19. Glubb, J., *The Fate of Empires and Search for Survival* (Edinburgh: William Blackwood & Sons, 1976), 14.

20. 分別指足球員 C 羅（Cristiano Ronaldo）、歌手雅瑞安娜・格蘭德（Ariana Grande）和演員巨石強森（Dwayne Johnson）。

21. Reisman, D., Glazer, N. and Denney, R., *The Lonely Crowd* (London: Yale University Press, 2001), 190.

22. Appiah, K.A., *The Lies That Bind: Rethinking Identity* (New York: Liveright Publishing, 2018), 9.

23. Clear, J., *Atomic Habits* (New York: Avery, 2018), 36.

24. Gross, M., *Genuine Authentic: The Real Life of Ralph Lauren* (New York: Harper Collins, 2003), 2.

25. Ibid., xvii.

26. 對這些例子感到好奇的話，我大力推薦你看出處的資料：Currey, M., *Daily Rituals* (New York: Alfred A. Knopf, 2013).
27. https://www.sciencedaily.com/releases/2020/06/200630111504.htm
28. Bartlett, J. and O'Brien, G., *Bartlett's Familiar Quotations* (New York: Little, Brown, and Company, 2012), 707.
29. Newport. C., *Deep Work: Rules for Focused Success in a Distracted World* (New York: Hachette, 2016).
30. Duke, A., *Thinking in Bets* (New York: Portfolio/Penguin, 2018).
31. Tetlock, P.E. and Gardner, D., *Superforecasting* (New York: Crown Publishing Group, 2015), 191.
32. Pollan, M., *How to Change Your Mind* (New York: Penguin Press, 2018), ch. 1.
33. Isaacson, W., *Steve Jobs* (London: Little, Brown, 2011), 501.
34. https://www.apple.com/newsroom/2020/06/apples-app-storeecosystem-facilitated-over-half-a-trillion-dollars-in-commercein-2019/
35. 這句話常引自於法蘭克・洛伊・萊特，但頗有爭議。《耶魯名言集》（*The Yale Book of Quotation*）則是把出處列為威爾・羅傑斯（Will Rogers），據說他在《華盛頓日報》一九六四年五月十七日刊登內容中說：「把世界往一側傾斜，所有鬆散的東西都會落到洛杉磯。」參見Shapiro, F.R., *The Yale Book of Quotations* (New Haven: Yale University Press, 2006), 841.
36. 安妮・杜克（Annie Duke）和達克沃斯都在書中提出類似觀點，參見 *Thinking in Bets* (New York: Portfolio/Penguin, 2018),

ch. 4.；以及Duckworth, A., *Grit: The Power of Passion and Perseverance* (New York: Scribner, 2016), 246.

37. Greene, R., *Mastery* (New York: Penguin Books, 2013), 2–3.

38. Ibid., ch. 1.

39. 雖然不是直接引用維克多・弗蘭克爾（Victor Frankl）的開創作品《活出意義來》（*Man's Search for Meaning*），但精神意涵非常接近，因此 得在此一提，參見http://www.logotherapyinstitute.org/About_Logotherapy.html

第四章

1. Livingston, J., *Founders at Work* (Berkeley: Apress, 2007), 1.

2. Isaacson, W., *Steve Jobs* (London: Little, Brown, 2011), 431.

3. Buchanan, M., *Nexus: Small Worlds and the Groundbreaking Science of Networks* (New York: W.W. Norton & Company, 2002) and Watts, D.J., *Small Worlds: The Dynamics of Networks Between Order and Randomness* (Princeton: Princeton University Press, 2018).

4. Mill, J.S., *On Liberty* (New York: Dover Publications, Inc., 2002), 80.

5. 關於阿克塞爾羅德所說的「未來的影子」與合作本質之間關係的解說，參見 Axelrod, R., *The Evolution of Cooperation* (Cambridge: Basic Books, 1984)

6. Trivers, R.L., 'The Evolution of Reciprocal Altruism' (*Quarterly Review of Biology*, Vol. 46, 1971), 35–57.

7. Stewart-Williams, S., *The Ape That Understood the Universe* (Cambridge: Cambridge University Press, 2018), 192.
8. Sun, L., *The Fairness Instinct: The Robin Hood Mentality and our Biological Nature* (New York: Prometheus Books, 2013), 32.
9. Zahavi, A. and Zahavi, A., *The Handicap Principle–A Missing Piece of Darwin's Puzzle* (Oxford: Oxford University Press).
10. Ibid., ch. 10.
11. Sutherland, R., *Alchemy–The Surprising Power of Ideas That Don't Make Sense* (London: WH Allen, 2019), ch. 3.4.
12. Keltner, D., *The Power Paradox* (New York: Penguin Press, 2014), 70.
13. Bahcall, S., *Loonshots* (New York: St. Martin's Press, 2019), 8.
14. https://www.codusoperandi.com/posts/increasing-your-luck-surfacearea
15. Busch, C., *The Serendipity Mindset* (New York: Riverhead Books, 2020), 146.
16. Stewart-Williams, S., *The Ape That Understood the Universe* (Cambridge: Cambridge University Press, 2018), 196.
17. http://www.jonahlehrer.com/2013/02/my-apology
18. https://newrepublic.com/article/112416/jonah-lehrers-20000-apology-wasnt-enough
19. Watkinson, M., *The Ten Principles Behind Great Customer Experiences* (Harlow: FT Press, 2013), ch. 7.

第五章

1. Cope, M., *The Seven Cs of Consulting* (Harlow: FT Prentice Hall, 2003), 103.
2. Keenan, J., *Gap Selling* (Jim Keenan, 2018).
3. Blount, J., *Fanatical Prospecting* (Hoboken: John Wiley & Sons, Inc., 2015), 31.
4. 基南建議用「問題辨識圖表」示意，參見 Keenan, J., *Gap Selling* (Jim Keenan, 2018), ch. 2.
5. Dixon, M. and Adamson, B., *The Challenger Sale: Taking Control of the Customer Conversation* (New York: Portfolio/Penguin, 2011).
6. Blount, J., *Fanatical Prospecting* (Hoboken: John Wiley & Sons, Inc., 2015), 147.
7. Keenan, J., *Gap Selling* (Jim Keenan, 2018), ch. 17.
8. Rackham, N., *Spin Selling* (New York: McGraw Hill Education, 2017), 48.
9. Kline, N., *Time to Think* (London: Octopus Publishing Group, 1999), ch. 3.
10. Gerber, M., *The E Myth Revisited* (New York: HarperCollins eBooks, 2009), 118.
11. Rackham, N., *Spin Selling* (New York: McGraw Hill Education, 2017).
12. 我在羅伯特・特威格（Robert Twigger）的書作《精通細解》（*Micromastery*）中找到「入門祕訣」一詞，參見 Twigger, R., *Micromastery: Learn small, learn fast and unlock your potential to*

achieve anything (London: Tarcher Perigee, 2017), 8.

13. Minto, B., *The Pyramid Principle* (Harlow: Pearson Education Limited, 2009), ch. 4.
14. Ibid., ch. 1.
15. 馬特・迪克遜在《挑戰者銷售法》（*The Challenger Sale*）中提出類似論點，建議直接將這些字詞從報告內容中刪掉，參見Dixon, M. and Adamson, B., *The Challenger Sale: Taking Control of the Customer Conversation* (New York: Portfolio/Penguin, 2011), ch. 9.
16. Watkinson, M., *The Grid: The Master Model Behind Business Success* (London: Random House, 2017), 194.
17. Reynolds, N., *We Have a Deal: How to negotiate with intelligence, flexibility and power* (London: Icon Books, 2016), 84–87.
18. Kahneman, D., *Thinking, Fast and Slow* (London: Allen Lane, 2011), 119.
19. Reynolds, N., *We Have a Deal: How to negotiate with intelligence, flexibility and power* (London: Icon Books, 2016), 60–69.
20. Ibid., 70–77.
21. Ibid., 54–56.
22. Voss, C. and Raz, T., *Never Split the Difference: Negotiating as if your life depended on it* (New York: HarperCollins Publishers, Inc., 2016), ch. 7.
23. Ibid., 204.

第六章

1. Sarasvathy, S.D., *Effectuation–Elements of Entrepreneurial Expertise* (Northampton: Edward Elgar Publishing, Inc., 2008), 81.
2. Cornwell, D., *The Honourable Schoolboy: A George Smiley Novel* (London: Penguin Books, 1977; Kindle edn)
3. https://www.reduser.net/forum/search.php?searchid=42949519
4. Sarasvathy, S.D., *Effectuation–Elements of Entrepreneurial Expertise* (Northampton: Edward Elgar Publishing, Inc., 2008), 34–35.
5. Benioff, M.R., *Behind the Cloud* (San Francisco: Jossey-Bass, 2009), part 1.
6. Segal, G.Z., *Getting There: A Book of Mentors* (New York: Abrams Image, 2015; Kindle edn), 30.
7. Kocienda, K., *Creative Selection* (New York: St. Martin's Press, 2018).
8. https://www.dyson.com/newsroom/overview/features/june-2020/dyson-battery-lectric-vehicle.html
9. Ries, E., *The Lean Startup* (London: Portfolio Penguin, 2011), 276.
10. Livingston, J., *Founders at Work* (Berkeley: Apress, 2007), 288.
11. Santos, P.G., *European Founders at Work* (Berkeley: Apress, 2012), 16.
12. https://medium.com/the-mission/the-greatest-sales-deck-ive-everseen-4f4ef3391bao

13. Barwise, P. and Meehan, S., *Simply Better* (Boston: Harvard Business School Publishing, 2004).
14. Sharp, B., *How Brands Grow: What Marketers Don't Know* (South Melbourne: Oxford University Press, 2010), ch. 8.
15. https://www.redbull.com/my-en/energydrink/company-profile
16. https://careers.crocs.com/about-us/default.aspx
17. https://www.youtube.com/watch?v=eywi0h_Y5_U
18. http://www.paulgraham.com/think.html
19. Belsky, S., *The Messy Middle* (New York: Portfolio/Penguin, 2018), 195.
20. Ibid., 251.
21. https://techcrunch.com/2013/09/27/why-webvan-failed-and-howhome-delivery-2-0-is-addressing-the-problems/
22. https://www.businessinsider.com/nick-swinmurn-zappos-rnkd-2011-11
23. https://www.inc.com/justin-bariso/amazon-uses-a-secret-process-for-launching-new-ideas-and-it-can-transform-way-you-work.html
24. Vance, A., *Elon Musk: How the Billionaire CEO of SpaceX and Tesla is Shaping our Future* (London: Virgin Digital, 2015), ch. 6.
25. https://www.barrons.com/articles/starlink-spacex-ipo-elonmusk-51624537161

第七章

1. 想更全面探索這主題，參見 Raynor, M.E. and Ahmed, M., *The Three Rules: How Exceptional Companies Think* (New York: Portfolio / Penguin, 2013), ch. 4.
2. https://www.wsj.com/articles/uber-co-founder-travis-kalanick-todepart-companys-board-11577196747
3. 初學者想了解定價主題，我推薦讀赫曼．西蒙（Hermann Simon）所寫的《精準訂價：在商戰中跳脫競爭的獲利策略》（*Confessions of the Pricing Man: How Price Affects Everything*）以及拉斐．穆罕默德（Rafi Mohammed）所寫的《1%意外之財：成功公司如何利用訂價以獲利和成長》（*The 1% Windfall: How Successful Companies Use Price to Profit and Grow*）；想深入探討的人可參考湯瑪士．內格爾（Thomas Nagle）和約翰．霍根（John Hogan）合寫的《定價策略：教你如何成長與獲利》（*The Strategy and Tactics of Pricing: A Guide to Growing More Profitably*），這本內容更加詳盡，但難度也較高。
4. Simon, H., *Confessions of the Pricing Man: How Price Affects Everything* (Switzerland: Springer, 2015; Kindle edn), ch. 3.
5. https://www.nytimes.com/2019/12/18/business/boeing-737-maxsuppliers.html
6. Bogomolova, S. and Romaniuk, J., 'Brand defection in a business-tobusiness financial service' (*Journal of Business Research*, Vol. 62 (3, March 2009), 291–296.
7. 關於雙重危害和提倡顧客購置論點的詳盡解說參見 Sharp, B.,

How Brands Grow: What Marketers Don't Know (South Melbourne: Oxford University Press, 2010) and Sharp, B. and Romaniuk, J., *How Brands Grow Part 2* (South Melbourne: Oxford University Press, 2016).

8. https://www.nytimes.com/2020/02/21/business/wells-fargosettlement.Html
9. East, R., Singh, J., Wright, M. and Vanhuele, M., *Consumer Behaviour–Applications in Marketing* (London: Sage Publishing), 35
10. https://www.gartner.com/en/newsroom/press-releases/2021-01-19-gartner-survey-shows-73-of-cmos-will-fall-back-on-lo
11. https://www.usatoday.com/story/money/cars/2018/08/29/best-andworst-car-brands-of-2018/37633581/
12. 「現實是滿意度無法用來預測市佔率。然而，市佔表現卻是未來顧客滿意度的強烈反指標。因此，對於市佔率高的公司而言（或是目標要獲取高市佔率），關注高滿意度是本末倒置。」參見 Keiningham, T.L., Aksoy, L., Williams, L. and Buoye, A.J., *The Wallet Allocation Rule: Winning the Battle for Share* (Hoboken, John Wiley & Sons), 13.
13. 艾倫伯格巴斯研究所（Ehrenberg-Bass Institute）的拜倫・夏普（Byron Sharp）及研究夥伴稱之為「心理可得行」（mental availability）和「實體可得行」（physical availability），但我比較喜歡用「可買性」來替代實體可得性的說法，因為涵蓋的採購障礙更廣。

14. 感謝重視實證的行銷策略公司 The Commercial Works（http://commercialworks.co.uk）提供關於此大段的見解，包含運用他們的 3R 架構：推廣（reach）、相關性（relevance）及認可（recognition）。

15. Sharp, B. and Romaniuk, J., *How Brands Grow Part 2* (South Melbourne: Oxford University Press, 2016), 41.

16. Romaniuk, J., *Building Distinctive Brand Assets* (South Melbourne: Oxford University Press, 2018), 29.

17. Ibid., ch 4.

18. https://www.thebrandingjournal.com/2015/05/what-to-learn-fromtropicanas-packaging-redesign-failure/

19. https://www.bbc.com/news/business-11520930

20. Sharp, B. and Romaniuk, J., *How Brands Grow Part 2* (South Melbourne: Oxford University Press, 2016), ch. 8.

21. Watkinson, M., *The Grid: The Master Model Behind Business Success* (London: Random House, 2018), 73–82.

22. Keiningham, T.L., Aksoy, L., Williams, L. and Buoye, A.J., *The Wallet Allocation Rule: Winning the Battle for Share* (Hoboken, John Wiley & Sons), ch. 3.

23. 直升機燃料是我亂講的，其他都是真的。

24. 感謝《錢包分配守則》（*The Wallet Allocation Rule*）作者盧克．威廉斯（Luke Williams）對此主題提出評論和補充見解。

25. *Oakley* (New York: Assouline Publishing, 2014), Heritage.

26. https://blog.aboutamazon.com/company-news/2018-letter-

toshareholders

27. Christensen, C.M., *The Innovator's Solution: Creating and Sustaining Successful Growth* (Boston: Harvard Business Review Press, 2013), ch. 1.
28. https://techcrunch.com/2011/03/31/exclusive-iac-hatches-hatch-atechnology-sandbox-to-incubate-mobile-startups/
29. https://www.theverge.com/2019/5/8/18535869/match-group-tinder employees-stock-pay-value-lawsuit-payout
30. https://www.pocketgamer.biz/news/68909/monument-valleyworldwide-revenue-climbs-to-over-25-million/
31. https://www.vox.com/2018/1/10/16874054/dominos-ceo-business stock-price-amazon-facebook-google-pizza
32. https://anyware.dominos.com/
33. https://diginomica.com/domino_digital_100

第八章

1. 管理大師吉姆・柯林斯（Jim Collins）和傑瑞・波拉斯（Jerry Porras）推廣企業要建立「放馬過來大膽目標」，簡稱 BHAGs，參見 Collins, J. and Porras, J., *Built to Last: Successful Habits of Visionary Companies* (New York: Collins Business Essentials, 1994), ch. 5.
2. Burkeman, O., *The Antidote–Happiness for People Who Can't Stand Positive Thinking* (New York: Farrar, Straus and Giroux, 2012), 89.

3. https://www.forbes.com/sites/maggiemcgrath/2016/09/23/the-9-most-important-things-you-need-to-know-about-the-well-fargo-fiasco/?sh=2e61a1893bdc.

4. Martin, R.L., *Fixing the Game* (Boston: Harvard Business School Publishing, 2011), 99.

5. Ibid., 231.

6. Kayes, D.C., *Destructive Goal Pursuit* (New York: Palgrave Macmillan, 2006), 45–49.

7. Oettingen, G., *Rethinking Positive Thinking: Inside the New Science of Motivation* (New York: Current, 2014).

8. Ordóñez, L.D., Schweitzer, M.E., *Galinsky, A.D. and Bazerman, M.H., Goals Gone Wild: The Systematic Side Effects of Over-Prescribing Goal Setting* (Harvard Business School, 2009), 2.

9. Kayes, D.C., *Destructive Goal Pursuit* (New York: Palgrave Macmillan, 2006).

10. Muller, J., *The Tyranny of Metrics* (Princeton: Princeton University Press, 2018), 3.

11. Ibid., 127.

12. Ibid., 171.

13. Gigerenzer, G., *Risk Savvy–How to Make Good Decisions* (New York: Penguin Books, 2014), 44–65.

14. https://www.who.int/news-room/fact-sheets/detail/patient-safety

15. https://www.rolandberger.com/en/Insights/Publications/Decisionmaking-views-on-risk-and-error-culture.html

16. Dalio, R., *Principles* (New York: Simon & Schuster, 2018), 348.

17. https://rework.withgoogle.com/print/guides/5721312655835136/

18. Clarke, T.R., *The 4 Stages of Psychological Safety* (Oakland: Berrett-Koehler Publishers Inc., 2020), Preface.

19. Holiday, R., *Stillness Is the Key* (New York: Portfolio/Penguin, 2019), 227–229.

20. https://ritzcarltonleadershipcenter.com/2019/03/19/the-power-ofempowerment/

21. Thorndike, W.N., *The Outsiders: Eight Unconventional CEOs and Their Radically Rational Blueprint for Success* (Boston: Harvard Business Review Press, 2012), 191.

22. Page, S.E., *The Difference: How the Power of Diversity Creates Better Groups, Firms, Schools and Societies* (Princeton: Princeton University Press, 2007), 8.

23. Ibid., 162.

24. Ibid., 137.

25. Page, S.E., *The Difference: How the Power of Diversity Creates Better Groups, Firms, Schools and Societies* (Princeton: Princeton University Press, 2007).

26. Sutherland, R., *Alchemy: The Surprising Power of Ideas That Don't Make Sense* (London: WH Allen, 2019), ch. 1.8.

27. Bronowski, J., *The Ascent of Man* (London: BBC Books, 2011), 295.

28. Page, S.E., *The Difference: How the Power of Diversity Creates Better Groups, Firms, Schools and Societies* (Princeton: Princeton University Press, 2007), Preface.

29. https://www.nytimes.com/2021/04/07/opinion/google-jobharassment.html

30. https://twitter.com/ddroga/status/1445530018629713922

31. DeMarco, T., *Slack* (New York: Dorset House, 2001).

32. Goddard, J. and Eccles, T., *Uncommon Sense, Common Nonsense: Why Some Organisations Consistently Outperform Others* (London: Profile Books, 2013), Part One: 'Winners and Losers'.

33. https://web.archive.org/web/20090422100650/http://www.fasterandfaster.net/2008/01/britten-v1000-greatest-motorcycle-ever.html

34. Bahcall, S., *Loonshots: How to Nurture the Crazy Ideas that Win Wars, Cure Diseases, and Transform Industries* (New York: St. Martin's Press, 2019), 12.

35. Ibid., 190–202.

36. Ibid., 149.

37. Ibid., 60–62.

國家圖書館出版品預行編目（CIP）資料

隨機思維：不死守目標、拉高容錯率，打破企業經營追求完美的傳統慣性 / 馬特・沃特金森（Matt Watkinson）、薩巴・孔科利（Csaba Konkoly）著；陳依萍、林敬蓉譯 . -- 初版 . -- 臺北市：商周出版：英屬蓋曼群島商家庭傳媒股份有限公司城邦分公司發行 , 民 112.7
面；　公分 . --（BW0826）
譯自：Mastering Uncertainty
ISBN　978-626-318-757-3（平裝）

1. CST: 企業經營　2.CST: 企業管理　3.CST: 職場成功法

494　　112009521

新商業周刊叢書 BW0826

隨機思維

不死守目標、拉高容錯率，打破企業經營追求完美的傳統慣性

原 文 書 名／Mastering Uncertainty
作　　　者／馬特・沃特金森（Matt Watkinson）、薩巴・孔科利（Csaba Konkoly）
譯　　　者／陳依萍、林敬蓉
企 劃 選 書／黃鈺雯
責 任 編 輯／陳冠豪
版　　　權／吳亭儀、林易萱、江欣瑜、顏慧儀
行 銷 業 務／周佑潔、林秀津、賴正祐

總　編　輯／陳美靜
總　經　理／彭之琬
事業群總經理／黃淑貞
發　行　人／何飛鵬
法 律 顧 問／台英國際商務法律事務所
出　　　版／商周出版　台北市中山區民生東路二段 141 號 9 樓
電話：(02)2500-7008　傳真：(02)2500-7759
E-mail：bwp.service@cite.com.tw
Blog：http://bwp25007008.pixnet.net/blog
發　　　行／英屬蓋曼群島商家庭傳媒股份有限公司城邦分公司
台北市中山區民生東路二段 141 號 2 樓
書虫客服服務專線：(02)2500-7718・(02)2500-7719
24 小時傳真服務：(02)2500-1990・(02)2500-1991
服務時間：週一至週五 09:30-12:00・13:30-17L00
郵撥帳號：19863813　戶名：書虫股份有限公司
讀者服務信箱：service@readingclub.com.tw
歡迎光臨城邦讀書花園　網址：www.cite.com.tw
香港發行所／城邦（香港）出版集團有限公司
香港灣仔駱克道 193 號東超商業中心 1 樓
電話：(825)2508-6231　傳真：(852)2578-9337
E-mail：hkcite@biznetvigator.com
馬新發行 所／城邦（馬新）出版集團【Cite (M) Sdn. Bhd.】
41, Jalan Radin Anum, Bandar Baru Sri Petaling,
57000 Kuala Lumpur, Malaysia.
電話：(603)9056-3833　傳真：(603)9057-6622　E-mail: services@cite.my

封 面 設 計／兒日設計　　內文排版／林婕瀅
印　　　刷／鴻霖印刷傳媒股份有限公司
經　銷　商／聯合發行股份有限公司　電話：(02)2917-8022　傳真：(02) 2911-0053
地址：新北市新店區寶橋路 235 巷 6 弄 6 號 2 樓

■ 2023 年（民 112 年）7 月初版

定價／460 元（紙本）　320 元（EPUB）
ISBN：978-626-318-757-3（紙本）
ISBN：978-626-318-760-3（EPUB）